大黄鱼深远海养殖
理论与技术初探

彭士明　王鲁民　主编

海洋出版社

2021年·北京

图书在版编目（CIP）数据

大黄鱼深远海养殖理论与技术初探 / 彭士明, 王鲁民
主编. —北京：海洋出版社, 2021.12
ISBN 978-7-5210-0861-6

Ⅰ. ①大… Ⅱ. ①彭… ②王… Ⅲ. ①大黄鱼－海水
养殖 Ⅳ. ①S965.322

中国版本图书馆CIP数据核字(2021)第251493号

大黄鱼深远海养殖理论与技术初探
DAHUANGYU SHENYUANHAI YANGZHI LILUN YU JISHU CHUTAN

责任编辑：项　翔　蔡亚林
责任印制：安　淼

海洋出版社 出版发行
Http://www.oceanpress.com.cn
北京市海淀区大慧寺路 8 号　　邮编：100081
北京顶佳世纪印刷有限公司印刷　　新华书店北京发行所经销
2021年12月第1版　　2021年12月第1次印刷
开本：787mm×1092mm　　1 / 16　　印张：14
字数：400千字　　定价：88.00元

发行部：010-62100090　　邮购部：010-62100072　　总编室：010-62100034
海洋版图书印、装错误可随时退换

《大黄鱼深远海养殖理论与技术初探》
编委会

彭士明

　　博士，研究员。长期从事水产养殖研究，在深远海养殖品种筛选领域开展了系列研究工作。曾主持国家自然基金项目 2 项、上海市科技兴农重点攻关项目 1 项、上海市种业发展项目 1 项、中央级公益性科研院所基本科研业务费项目 3 项、农业农村部海洋渔业可持续发展重点实验室开放课题 1 项、浙江省海洋水产养殖研究所开放基金项目 1 项、大黄鱼育种国家重点实验室开放课题 1 项以及企业合作项目 1 项，参与国家级项目 4 项，省部级项目 5 项及其他各类项目 5 项；以第一主编撰写《银鲳繁育理论与养殖技术》专著 1 部；累计发表论文 150 余篇，其中以第一作者或通讯作者发表论文 50 余篇；获得授权发明专利 11 项，其中以第一发明人获得授权发明专利 7 项；2013 年度入选中国水产科学研究院百名科技英才培育计划，2016—2017 年度入选中国水产科学研究院中青年拔尖人才；2017—2018 年于美国迈阿密大学访学；以第一完成人获得 2016 年度海洋工程科学技术奖一等奖 1 项，以第二完成人获得 2016 年度上海市技术发明奖二等奖、2014 年度上海海洋科学技术奖一等奖以及 2014 年度中国水产科学研究院科技进步奖二等奖各 1 项。2017 年作为核心科研骨干入选首个国家海水鱼产业技术体系深远海养殖技术团队，重点负责深远海养殖技术相关研究工作。

王鲁民

现任中国水产科学研究院东海水产研究所副所长，二级研究员，中国水产科学研究院渔业装备与工程领域首席科学家、学科委员会主任委员。兼任农业农村部东海渔业资源开发利用重点实验室主任，农业农村部水产品质量监督检验测试中心（上海）主任、绳索网具产品质量监督检验测试中心主任，国家贝类加工技术研发分中心（上海）主任，《渔业信息与战略》杂志主编，《中国农业科技导报》栏目主编。1999年度农业农村部中青年有突出贡献专家；2000年获中国农学会第七届青年科技奖；2012年获全国农业科研杰出人才；2013年国务院政府特殊津贴专家；2017年国家海水鱼体系–深远海养殖岗位科学家。2019年FAO/IMO GESAMP WG43专家组成员。

先后主持完成国家及省部级科研项目20余项；作为技术牵头人组织"十二五"国家科技支撑计划重点项目"远洋捕捞技术与渔业新资源开发"实施，并主持国家科技支撑计划课题"南极磷虾资源开发利用关键技术集成与应用"；主持农业农村部滚动支持专项"海洋捕捞渔具管理制度完善与支撑技术"；主持国际合作（滚动资助）项目"Copper Sea"（铜合金网海水养殖应用）。国家重点研发计划–蓝色粮仓科技创新专项–"远洋渔业资源友好型捕捞装备与节能技术"项目主持人。作为第一完成人，获上海海洋科学技术特等奖1项，省部级一等奖1项和二等奖4项；以第一发明人获授权美国、欧洲、日本和德国专利4项、中国发明专利16项，申请国际PCT专利8项；公开发表论文120余篇，主编或参编专著10余部。

澳大利亚三文鱼养殖工作船（王鲁民提供）　　　　澳大利亚三文鱼养殖饲料自动投喂平台（王鲁民提供）

澳大利亚三文鱼养殖网箱（彭士明提供）

澳大利亚三文鱼养殖网箱护栏设施（王鲁民提供）　　　澳大利亚三文鱼养殖远程操控平台
　　　　　　　　　　　　　　　　　　　　　　　　　（彭士明提供）

大陈岛船型围栏（王鲁民提供）

大陈岛养殖公司围栏（王鲁民提供）

大陈岛恒胜养殖合作社围栏（王鲁民提供）

大陈岛星浪养殖合作社围栏
（王鲁民提供）

大陈岛养殖公司围栏工作平台
（王鲁民提供）

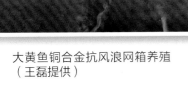

大黄鱼铜合金抗风浪网箱养殖
（王磊提供）

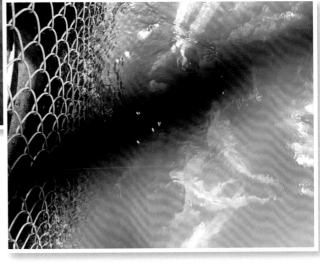

大黄鱼铜合金抗风浪网箱养殖（王鲁民提供）

刚起捕的深水网箱大黄鱼（王磊提供）

仿生态养殖大黄鱼（王鲁民提供）

海南沉降网箱（王鲁民提供）

金属浮箱式网箱（王磊提供）

抗风浪网箱起网观察鱼群情况（王鲁民提供）

活鱼运输船（王鲁民提供）

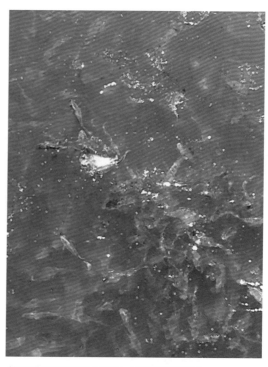

抗风浪网箱养殖大黄鱼（王鲁民提供）

挪威大西洋鲑网箱养殖（王鲁民提供）

潜降重力式网箱实物模型（王鲁民提供）

深水抗风浪网箱（王磊提供）

深水抗风浪网箱（王鲁民提供）

深水抗风浪网箱大黄鱼养殖投喂作业（王磊提供）

深水抗风浪网箱无结网衣（彭士明提供）

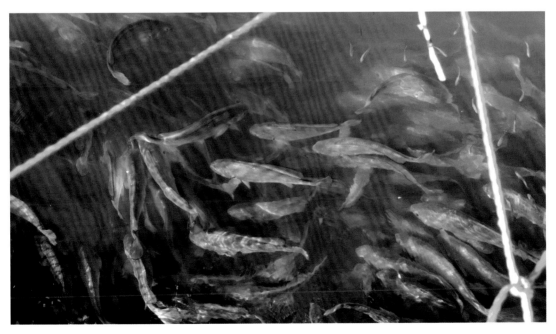

深水抗风浪网箱养殖大黄鱼（王磊提供）

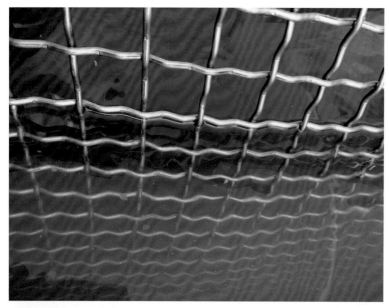

铜合金编织网（王磊提供）

铜合金拉伸网（王鲁民提供）

铜合金斜方网（王鲁民提供）

网箱网片水阻力实验（王磊提供）

网衣对大黄鱼的擦伤（王磊提供）

围栏网衣连接（王鲁民提供）

围栏养殖网衣（王鲁民提供）

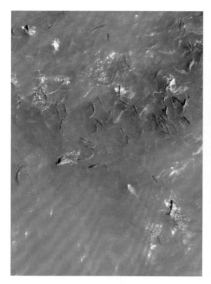

围栏中养殖大黄鱼（王鲁民提供）　　网箱网衣实验（王磊提供）

锥台型铜合金拉伸网组合网箱海上安装（王磊提供）

前　言

　　大黄鱼（*Larimichthys crocea*）素有"国鱼"之称，与带鱼、小黄鱼、墨鱼构成了我国传统渔业的四大海产。目前，大黄鱼是我国最大规模的海水网箱养殖鱼类，年养殖产量超 20 万 t，年育苗量 30 亿～40 亿尾，是我国海水养殖鱼类中实至名归的主导品种。大黄鱼的人工繁育及养殖研发起步于 20 世纪 80 年代，依据"大黄鱼之父"刘家富研究员的报道，大黄鱼产业发展历程大致可分为五个阶段：① "六五"后期的人工育苗初试阶段；② "七五"期间的人工繁殖与批量育苗技术攻关阶段；③ "八五"期间的规模化养殖技术研究阶段；④ "九五"期间的大黄鱼养殖产业化阶段；⑤ "十五"期间开始的大黄鱼养殖产业技术提升阶段。随着大黄鱼养殖产业的兴起，国内相继建设了一批大黄鱼产业技术研发的科技机构、基地与平台，逐步构建了大黄鱼养殖产业技术支撑体系。

　　近些年来，随着深远海养殖装备与技术的发展，我国深远海养殖产业发展也飞速猛进，如火如荼。对于深远海养殖的具体定义，编者结合国际上对深远海养殖的定位以及我国海域的地理学特征，认为符合我国国情的深远海养殖，其定位特征为：远离大陆岸线 3 km 以上，处于开放海域；水深 20 m 以上，具有大洋性浪、流特征；规模化设施，包括但不限于网箱、围栏、平台、工船等；具有一定的自动投喂、远程监控和系统管理等能力。

　　现阶段，尽管我国海水养殖鱼类近百种，但从经济和技术可操作性上适应深远海养殖的鱼类并不多，这也是当前制约我国深远海养殖产业发展的核心瓶颈之一。通过综合分析评价现有海水养殖鱼类开展深远海养殖的可行性，大黄鱼是目前国内较为理想的适宜开展深远海养殖的物种。同时，深远海养殖大黄鱼也是解决近岸养殖发展空间不足、维持近海水域生态平衡、实现大黄鱼养殖提质增效的重要途径。然而，由于深远海养殖其特殊的海况水文特征，近岸养殖大黄鱼不能很好地适应深远海养殖海域的水环境条件，因此需要通过系列品种改良，选育抗逆优质大黄鱼新品种，方能满足我国深远海养殖产业中的物种需求。

　　众所周知，水产种业是水产养殖产业可持续发展的命脉和根基，是国家"十四五"乃至今后相当长时间内水产养殖领域的核心技术攻关任务。当前的大黄鱼养殖产业正是由于不具备夯实的种业科技支撑体系，尽管养殖产量和规模在逐年扩增，但产业发展的诸多诟病也随之暴露出来，如种质退化、品质下降、抗病抗逆性差、良种覆盖率低及缺乏适应深远海养殖品种等。因此，要重新振兴大黄鱼养殖产业，提升产业发展质量，特别是大黄鱼深远海养殖产业发展质量，需进一步强化大黄鱼种业科技攻关，突破优良种质收集保存、种质资源鉴定评价、经济性状遗传解析、育种技术研发应用等关键环节和技术，培育生长速度快、抗逆性强（如游动能力强即抗流、抗噪声、抗病、耐温等）的适于深远海养殖大黄鱼新品种，建立大黄鱼良种的育繁推新体系，形成大黄鱼种业全产业链科技支撑体系，以期为我国大黄鱼深远海养殖产业的高质量发展筑牢根基。

目前，随着国内大型深远海养殖装备从研发陆续走向落地实施，利用大型工程化平台开展大黄鱼养殖的实例也越来越多。然而，由于大黄鱼深远海养殖技术体系尚处于理论研究阶段，因此，基于大型工程化平台的大黄鱼养殖技术同样是在摸索中求发展。深远海养殖是一个综合体系，其中适养物种、养殖技术和养殖平台（大型基站、大型深水网箱和养殖工船等）是深远海养殖的主体，深远海养殖物种的选择必须同时考虑其生物学特性和经济学特性。中国水产科学研究院东海水产研究所作为国家海水鱼体系深远海养殖技术岗位依托单位，在深远海养殖装备与技术领域已开展了诸多研究工作，并取得了一系列科技成果。为更有效地推进我国大黄鱼深远海养殖产业的发展，笔者在总结长期科研、生产实践经验的基础上，结合分析国内外已有的相关资料和文献报道，编写了本书，是对目前我国大黄鱼深远海养殖相关理论及其生产实践技术的一次总结。笔者采用基础理论研究与大黄鱼实际生产例证相结合的方法，对大黄鱼种质资源特性与新品种选育（适应深远海养殖新品种培育理论基础）、环境生理与功能性配合饲料（深远海养殖环境因子调控与饲料开发理论基础）、深水抗风浪网箱养殖技术、围栏养殖技术、深远海养殖主要模式与装备、陆海接力养殖以及病害防治技术等方面做了较全面的阐述和介绍，可供养殖生产从业人员以及科研院校科技工作者参考。

本书的编写得到了财政部和农业农村部的国家现代农业产业技术体系（CARS-47）、国家重点研发计划项目（2018YFD0900603）以及中国水产科学研究院基本科研业务费（2020TD76、2020XT10）的资助。同时，本书引用了大量的参考文献，在此向所有文献作者表示衷心感谢。由于编者水平和能力有限，难免有不足、错误和不妥之处，敬请同行专家和广大读者批评指正，以使本书在使用中不断得以完善和提高。

编　者

2021 年 11 月

目 录

第一章
大黄鱼生物学与
种质资源特性

大黄鱼的拉丁文学名最早是在 1846 年由 Richardson 氏命名，称为 *Sciaena crocea*（Richardson，1846），隶属于"石首鱼属（*Sciaena*）"。后来日本鱼类学家将大黄鱼由"石首鱼属（*Sciaena*）"移至"黄鱼属（*Pseudosciaena*）"称为 *Pseudosciaena crocea*（Richardson，1846），这个拉丁文学名一直被中国鱼类学家引用。20 世纪 90 年代，国外鱼类学者发现，大黄鱼的属名应从 *Pseudosciaena* 改为 *Larimichthys*。因而，大黄鱼目前的有效拉丁文学名为 *Larimichthys crocea*（Richardson，1846），其分类地位隶属于鲈形目（Perciformes）、石首鱼科（Sciaenidae）、黄鱼亚科（Larimichthysinae）、黄鱼属（*Larimichthys*），其英文名为 Large yellow croker。大黄鱼在我国各地有多种俗称，广东的有红口、黄纹、黄纹鲣、黄鱼、金龙、黄金龙等；福建的有黄鱼、红瓜、黄瓜、黄瓜鱼、黄花鱼等；江、浙、沪的有大鲜、大黄鱼等；辽、鲁的有大黄花鱼等（刘家富，2013）。

第一节　大黄鱼的分类与分布

一、石首鱼类分类简史

随着国际上石首鱼类的研究不断深入，使得其属名、种名发生了许多的更迭（郭昶畅，2017）。例如，原来的白姑鱼属种类现今已划分为白姑鱼属（*Argyrosomus*）和银姑鱼属（*Pennahia*）2 属；黄鱼属（*Pseudosciaena*）现今更名为黄鱼属（*Larimichthys*）；石首鱼属（*Dendrophysa*）现今更名为枝鳔石首鱼属，新增了黄鳍牙鲅属（*Chrysochir*），而尖头黄姑鱼（*Nibea acuta*）确认为尖头黄鳍牙鲅（*Chrysochir aureus*）；鲅属（*Wak*）为无效属，鲅属（*Wak*）内的物种确认为叫姑鱼属（*Johnius*）的物种。

黄花鱼，又名黄鱼，是石首鱼科黄鱼属的一属黄鱼的统称，生于东海中，鱼头中有两颗坚硬的石头，叫耳石，故又名石首鱼，鱼腹中的白色鱼鳔可做鱼胶，有止血之效，能防止出血性紫癜。

黄花鱼分为大黄鱼（*Larimichthys crocea*）和小黄鱼（*Larimichthys polyactis*），与带鱼、墨鱼一起被称为我国传统渔业中的四大海产鱼类。大黄鱼也叫大先、金龙、黄瓜鱼、红瓜、黄金龙、桂花黄鱼、大王鱼、大黄鲞；小黄鱼也叫梅子、梅鱼、小王鱼、小先、小春鱼、小黄瓜鱼、厚鳞仔、花鱼，都隶属硬骨鱼纲，鲈形目，石首鱼科，黄鱼属。

二、主要分类学特征

大黄鱼，体近长方形而侧扁，背缘及腹缘的前方隆凸而后方为低。头大而侧扁，吻圆钝。眼中等大，侧上位；眼间隔宽而稍隆凸。鼻孔每侧2个，前鼻孔圆而小，后鼻孔长形，较大，接近于眼。口前位，宽阔而斜。上、下颌相等，唇薄；上颌骨能伸缩。前鳃盖骨边缘有细锯齿，鳃盖骨后端有一扁棘。鳃孔大，鳃盖膜不与峡部相连。鳃耙较长。鳞片栉状，侧浅鳞57；侧线下鳞较侧线上鳞为大。背鳍及臀鳍的鳍条部2/3以上均为小圆鳞。侧线前部较弯曲，后部较直。背鳍Ⅷ~Ⅹ 31，起点在胸鳍起点的上方。臀鳍Ⅱ 9，起点约与背鳍鳍条的中部相对，胸鳍15，起点在鳃盖后。腹鳍小于胸鳍，尾鳍楔形。体背侧灰黄色，下侧金黄色；背鳍及尾鳍灰黄色，胸鳍、腹鳍及臀鳍为黄色。多活动于海水中下层，有洄游习性。

三、大黄鱼地理分布及其种群

1. 大黄鱼地理分布

大黄鱼分布于西北太平洋区，包括中国、日本、韩国和越南沿海等地，在中国主要分布于黄海南部和东海。

中国大黄鱼的分布，以浙江、福建沿海为主，主要渔场在韩国的西南部，中国江苏的吕泗洋，浙江的岱衢洋、大目洋、猫头洋、洞头洋，福建的东引列岛、官井洋、牛山岛、九龙江外诸岛屿（厦门附近岛屿），以及广东的南澳岛、汕尾海区、硇州岛附近海区和徐闻海区等渔场（李明云等，2013）。

2. 我国大黄鱼主要地理种群

一般来说，生物不同地理种群的形成与分化与地域水域的环境条件相关，因而在种群的形态、习性和生态等方面也有着明显的差异。刘家富（2013）对大黄鱼种群结构的地理变异及其与环境关系进行了分析，并把大黄鱼分为岱衢族、闽—粤东族和硇洲族，不同地理种群的大黄鱼形态特征各不相同，详细情况见表1-1。

表1-1　我国大黄鱼不同地理群体的主要种特征

（刘家富，2013）

主要特征		岱衢族	闽—粤东族	硇洲族
鳃耙数		28.52 ± 0.03	28.02 ± 0.03	27.39 ± 0.05
鳔侧枝数	左侧	29.81 ± 0.05	30.57 ± 0.08	31.74 ± 0.15
	右侧	29.65 ± 0.05	30.46 ± 0.07	31.42 ± 0.15
脊椎骨数		26.00（有脊椎骨数27个的个体）	25.99（无脊椎骨数27个的个体）	25.98（无脊椎骨数27个的个体）
眼径 / 头长		20.20 ± 0.06	19.19 ± 0.06	19.40 ± 0.08
尾柄高 / 尾柄长		27.80 ± 0.13	28.49 ± 0.13	28.97 ± 0.14
体高 / 体长		25.29 ± 0.07	25.58 ± 0.10	25.96 ± 0.15
主要生殖地		吕泗洋、岱衢洋、猫头洋	官井洋、南澳、汕尾	硇洲
主要生殖期		春季	北部春季南部秋季	秋季
生殖鱼群年龄组数目		17 ~ 24	8 ~ 16	7 ~ 8
世代性成熟速度	性成熟最小年龄（岁）	2	2	1
	大量性成熟年龄（岁）	3 ~ 4	2 ~ 3	2
寿命	生殖鱼群平均年龄（岁）	9.49	4.23	3.0
	最高年龄（岁）	29	17	9

（1）岱衢族

包括江苏的吕泗洋、浙江的岱衢洋、猫头洋和洞头洋4股鱼群，以岱衢洋鱼群为代表，主要分布在黄海南部到福建嵛山以北的东海中部。这一地理种群的环境条件特点，主要是受长江等流域径流直接影响，其形态特点为鳃耙数较多、鳔侧枝数较少，有脊椎骨为27个的个体，眼径较大，鱼体和尾柄较高，其生理特点是寿命长、性成熟较迟。

（2）闽—粤东族

包括福建的官井洋、闽江口外，厦门和广东的南澳、汕尾等外侧海域的4股鱼群，以官井洋鱼群为代表。主要分布在福建嵛山以南的东海南部与珠江口以东的南海北部之间海域。这一地理种群的环境条件特点是，直接或间接地受台湾海峡的暖流与沿岸流相互消长的影响。其鳃耙数、鳔侧枝数、眼径、体高、尾椎高以及生理上的寿命长短、性成熟迟早等均介于岱衢族与硇洲族之间；无脊柱骨为27个的个体。

（3）硇洲族

主要为广东硇洲近海鱼群，它的主要分布区为珠江口以西到琼州海峡以东海域。这一地理种群的特征与这一海区在海洋条件上具有内湾性特点有关，其形态特点为鳃耙数较少、鳔侧枝数较多，无脊椎骨为27个的个体，眼径较小、鱼体与尾柄较高。生理上的寿命较短、性成熟较早。

第二节　大黄鱼的形态特征

一、形体与结构特点

大黄鱼体形椭圆，侧扁，背缘和腹缘广弧形，尾柄细长（图1-1）。头大而钝尖，侧扁，具发达的黏液腔。吻钝尖，吻长大于眼径，吻褶完整，不分叶，吻上孔3个，细小，不显著，有时消。吻缘孔5个，中吻缘孔1个，圆形，较显著，位于吻缘上方，侧吻缘孔4个，呈裂缝状。眼中大，上侧位，位于头的前半部。眼间隔宽而隆起，大于眼径，眼上骨较凸。鼻孔每侧2个，前鼻孔小，圆形，后鼻孔大，呈长椭圆形，位于眼前缘。口前位，口裂大而斜。下颌略为突出，缝合处具有一瘤状突起。上颌骨向后伸达眼后缘下方。齿细小，尖锐，上颌齿多行，外行齿扩大，前侧数齿最大，下颌齿2行，内行齿扩大，下颌缝合处瘤状突起的后面2齿较大，齿尖向内，犁骨、腭骨及舌上均无齿。唇厚、光滑，舌游离，端部圆形，颏孔6个，细小，不显著。无颏须，鳃孔大，鳃盖条7具假鳃，鳃耙细长（倪勇等，2006）。

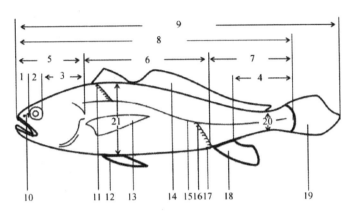

图1-1　大黄鱼形态与构造（刘家富，2013）

1.吻长　2.眼长　3.眼后头长　4.尾柄长　5.头长　6.躯干长　7.尾长　8.体长　9.全长　10.鼻孔
11.侧线上鳞　12.腹鳍　13.胸鳍　14.背鳍　15.侧线　16.侧线下鳞　17.肛门　18.臀鳍　19.尾鳍
20.尾柄高　21.体高

二、鳞与侧线

大黄鱼头部及体前部被圆鳞，体后部被栉鳞。背鳍鳍条部及臀鳍鳍膜的2/3以上均被小圆鳞，尾鳍被鳞。背鳍与侧线之间具鳞8～9行。体侧下部各鳞下均具有一金黄色皮腺体。侧线发达，前部稍弯曲，位高，后部平直，中位，伸达尾鳍之端部。

三、鳍式

背鳍连续，背鳍鳍棘部与鳍条部之间具一缺刻，起点在胸鳍基部上方，具9～10鳍棘、31～34鳍条。第一鳍棘较短，第三鳍棘最长。臀鳍起点位于背鳍第十六鳍条下方，具2鳍棘、8～9鳍条，第二鳍棘长等于或稍大于眼径。胸鳍尖长，腹鳍较小，起点稍后于胸鳍基点，位于胸鳍的腹侧。尾鳍尖长，稍呈楔形。

四、鳔与耳石

鳔大，前端圆形，两侧不突出为侧囊，后端尖长，伸达腹腔的后端。鳔侧具

31～33对侧肢，每一侧肢具背分支和腹分支，腹分支分上下两小支，下小支又分为前、后两小支，前、后两小支等长，互相平行，沿腹膜向下延伸达腹面。耳石略呈盾形，背面近外侧有一群颗粒突起，腹面具一蝌蚪形印迹。"头"区昂仰，圆形，伸达前缘，"尾"区为一"T"字形浅沟，"尾"端扩大，中央有一圆形突起。

五、体色

体背侧及上侧面为黄褐色，下侧面和腹面为金黄色。背鳍和尾鳍为灰黄色，臀鳍、胸鳍和腹鳍为黄色。胸鳍基部上端后方具一黑斑。上唇的上缘在吻端为黑色，其他部分为橘红色。

第三节　大黄鱼的生态习性

一、生活习性

大黄鱼为暖湿性近岸洄游性鱼类，常栖息于水深60 m以内的中下层，喜浊流水域，黎明、黄昏或大潮时多上浮，白昼和小潮时下沉，具集群习性，在生殖季节集群由外海游向近岸，形成渔汛。渔汛分春秋两汛，春汛一般在4—6月，渔场集中在苏、浙、闽各处近海的产卵区，进入长江口及毗邻海区的大黄鱼，主要在大载洋和岱衢洋产卵和索饵鱼群，产卵亲鱼在附近30～40 m海区索饵，10月逐渐转向外海较深水域越冬。秋汛则在9—10月间的浙江北部海区形成。大黄鱼对音响的威吓非常敏感，同时亦具有发出强烈声音的能力，尤其是在生殖季节，雄鱼会发出"咯咯""呜呜"的鸣声，雌鱼会发出"哼哼"的鸣声，终日不断。在鱼群密集时，发出的声音犹如水的沸腾声和松涛声，声音之大在鱼类中是少见的（庄平，2006）。

二、食性与摄食习性

大黄鱼的食谱非常广泛，已知的有鱼类、甲壳类、头足类、水螅类、多毛类、星虫类、毛颚类、腹足类8个生物类群，食物种类共有100种，其中重要的约20种，食物的个体大小为0.1～24 cm以上，一般为1～10 cm。鱼类在食物组成中的比重最大，鱼类中比较重要的有龙头鱼、棘头梅童鱼、大黄鱼（幼鱼）、皮氏叫姑鱼等。甲壳类在食物中居第二位，以游泳虾类、虾蛄类、蟹类为主。其他6类所占的比重和出现频率均不高。大黄鱼为肉食性的鱼类，摄食种类广泛，在其不同发育阶段发生明显的转换，而且与环境的变化有关。自然海域中大黄鱼的食性随其生长阶段而有所转变。由早期发育阶段向成体过渡期间，从浮游生物食性向游泳动物食性逐渐转换，食物组成种类也由少逐渐增多，且食物个体也逐渐增大（叶金清，2012）。

三、生长与年龄

大黄鱼在生命周期中，同龄鱼的体长和体重差异较大，不同年龄的鱼生长也不均衡。一般鱼体在 3 龄以前生长较快，而后趋于缓慢。体长的年增长量最高时期在 1 龄，年增长量约在 23.6 cm，从 2 龄开始迅速降低（叶金清，2012）。

大黄鱼生长的另一特点是雌鱼生长明显快于雄鱼，而且这种差异随年龄的增加而增大。大黄鱼的 3 个地理种群的生长也存在着种内的变异。岱衢族的大黄鱼生长慢，性成熟晚，寿命长；硇洲族的则生长快，性成熟早，寿命短；闽—粤东族大黄鱼的生长速度介于上述两者之间（叶金清，2012）。

四、繁殖习性

鱼类的生长发育及性成熟早晚与环境因素密切相关，个体差异很大。生长迟缓的个体性成熟相应推迟。大黄鱼因其生活的水域不同，性成熟年龄也不尽相同。浙江近海大黄鱼的性成熟由 2 龄开始，大量性成熟的年龄，雄鱼为 3 龄，雌鱼为 3 ~ 4 龄；广东西部硇洲近海鱼群，1 龄便有少数个体开始性成熟，但大量性成熟为 2 ~ 3 龄；福建东部官井洋到广东东部沿海各鱼群，开始性成熟为 2 龄，大量性成熟也在 2 ~ 3 龄，通常雄鱼性成熟较早于雌鱼。大黄鱼的繁殖有春季和秋季两个主要产卵季节，因此也把这两个生殖群体从生物学种群类型上称其为"春宗"与"秋宗"（吴鹤州，1965）。

第四节　大黄鱼种质资源特性

大黄鱼是主要分布于我国近海的暖水性洄游鱼类，作为著名的"四大海产"之一，在我国海洋鱼类经济产业中占重要地位。20 世纪 70 年代以后，由于过度捕捞导致大黄鱼渔业资源量急剧减少（徐开达等，2007）。近年来，随着人工育苗和养殖技术的推广，使得大黄鱼成为我国最重要的海水养殖鱼类之一。近几年来，全国大黄鱼养殖产量已超 20 万 t，取得了显著的经济效益。与此同时，人工养殖大黄鱼普遍出现了生长速度变慢、成鱼个体小型化、肉品质下降、抗病能力减弱、性早熟等现象，对大黄鱼养殖产业的健康发展造成不利影响，这可能与养殖大黄鱼遗传多样性的降低有着重要关系（Lacy，1987），因此，大黄鱼种质资源的研究与保护迫在眉睫。迄今为止，有关大黄鱼的遗传多样性已从形态特征、生化特征和分子生物学特征等不同层面进行了较为全面的研究（贾超峰，2017）。特别是随着分子标记技术和测序技术的迅猛发展，从分子水平上探究大黄鱼的遗传多样性已成为揭示大黄鱼群体遗传变异的主要途径。本节在收集相关研究文献的基础上，概述了大黄鱼遗传多样性研究情况，介绍了该领域的最新进展，并对大黄鱼种群划分以及种质资源的管理和恢复等问题做了探讨。

一、形态学研究

形态学研究是传统的研究物种差异的分类方法。早期对大黄鱼种间关系的研究主要通过对体长、脊椎骨、鱼体各部位的比值等可数性状或可量性状进行比较研究种群之间的差异程度。兰永伦等（1996）对大黄鱼的耳石与体长的生长规律进行了分析研究，结果证明，大黄鱼的耳石生长不仅仅与鱼体生长成简单的直线相关，而且大黄鱼的耳石生长、体长生长和年龄三者之间密切相关，并推导出了相应的数学方程式。曹启华（1998）应用形态学方法对徐闻和硇洲的大黄鱼进行研究，测定了体长、体重、年龄、摄食强度和性腺成熟度 5 项指标，结果发现，过去一直认为是同一个种群的粤西种群大黄鱼差异显著，应该分为 2 个种群：徐闻种群和硇洲种群。张祖兴等（2006）对中国大黄鱼的形态学和生物学特性进行过研究，为大黄鱼的种质资源调查积累了基础研究资料。采用形态学方法研究遗传变异具有取样方便、操作简单、易于分析等优点。早期的大黄鱼分类和资源调查工作大多是采用形态学方法进行的，也取得了诸多的研究成果。但形态和表型特征是遗传因子和环境因子相互作用的结果，受环境因子的影响较大这一点在鱼类中尤为显著。仅用形态学方法进行遗传方面的分析是不客观的；此外，由于形态学研究所采用的变量不尽相同，有时候会得出不一致的结果。总而言之，形态学方法并不全面，需要应用新的方法进行补充验证（张祖兴，2006）。

形态学方法是研究鱼类遗传多样性的传统途径，具有简单、快速、直观的特点，在当前大黄鱼种质鉴定和遗传育种等工作中依然扮演着不可替代的作用。通过对形态数据和框架数据进行多元分析，建立量化判别，较传统形态学研究方法可以获得更加准确的结果（贾超峰，2017）。丁文超等（2009）通过对传统形态学数据与框架数据进行综合分析，比较了大黄鱼岱衢洋家系、官井洋家系和正、反交家系4个家系间的形态差异，取得了与同工酶和 RAPD 遗传差异分析相一致的结果。尽管如此，由于鱼类形态特征受到多种因素的影响，形态学分析的结果往往难以准确地反映遗传上的差异，还需用分子生物学等手段进行补充和验证。

二、基于分子标记的种质资源特性研究

1. 同工酶

同工酶（isozyme）广义是指生物体内催化相同反应而分子结构不同的酶。按照国际生化联合会（IUB）所属生化命名委员会的建议，则只把其因编码基因不同而产生的多种分子结构的酶称为同工酶。最典型的同工酶是乳酸脱氢酶（LDH）同工酶。同工酶的基因先转录成同工酶的信使核糖核酸，后者再转译产生组成同工酶的肽链，不同的肽链可以不聚合的单体形式存在，也可聚合成纯聚体或杂交体，从而形成同一种酶的不同结构形式。同工酶是指催化相同的化学反应，但其蛋白质分子结构、理化性质和免疫性能等方面都存在明显差异的一组酶。在生物学中，同工酶可用于研究物种进化、遗传变异、杂交育种和个体发育、组织分化等。例如，最原始的脊椎动物七鳃鳗（*Lampetra japonicum*）只有一种 LDH 肽链，进化到较高级的鱼类才有 A、B 两类肽链。又如，通过对地理分布不同的物种间某一同工酶谱的普查可以推测物种的地理来源。目前同工酶作为遗传标志，已广泛应用于遗传分析的研究。研究者可以通过对大黄鱼相关组织的同工酶进行实验检测和数据分析，进而丰富各个种群大黄鱼的生化遗传资料，为最终研究大黄鱼的遗传特性和种质鉴定奠定良好的基础（胡思玲，2020）。

2. 随机扩增多态 DNA（RAPD）

RAPD（random amplified polymorphic DNA）即随机扩增多态性 DNA 标记，是一种建立在聚合酶链式反应扩增基础之上，可对整个未知序列的基因组进行多态性分析的分子技术。20 世纪 90 年代就有研究者提出，利用随机设计含有 10 ~ 15 个碱基对的核苷酸引物扩增 DNA 片段，然后将产物进行电泳，再根据条带反映个体间

的遗传差异（胡思玲，2020）。该技术的优点有以下几点：无需设计特异性引物；较高的检出率和多态性；简单易行；所需样品少。但是由于重复性不好，而产生的标记不具可遗传等特点，使得在一些需要评估资源的研究中无法使用。在大黄鱼中，利用 RAPD 技术检测其遗传多样性的研究也有很多，如黄良敏等（2006）利用 RAPD 技术对浙江的舟山岱衢族大黄鱼养殖群体和福建连江的闽—粤东族大黄鱼养殖群体进行遗传多样性研究，结果显示，检测出的 96 个 RAPD 位点中，岱衢族和闽—粤东族大黄鱼多态位点数分别为 18 个和 17 个，RAPD 分析结果表明，这两个大黄鱼养殖群体的遗传多样性水平都很低；黄勤等（2007）对 3 个福建养殖大黄鱼群体利用 RAPD 技术进行遗传多样性分析，结果显示，39 个检出位点中，14 个位点成显性，其部分位点在其中 2 份样品中存在明显的基因型频率差异，表明其可作为物种标记，显示其中 2 个群体部分已知位点的基因型频率存在明显的差异，表明养殖群体之间可能出现了某种程度的遗传分化。

3. 扩增片段长度多态性（AFLP）

AFLP（amplified fragments length polymorphism）分子标记技术克服了 RAPD 技术重复性差的弱点，随着近年来研究人员对这一技术的不断完善和发展，AFLP 已成为最为有效的分子标记技术之一（姚红伟等，2009）。王志勇等（2002）和刘洋等（2015）分别对官井洋地区的野生种群和养殖种群遗传多样性做了 AFLP 分析，发现 2002—2015 年，该地区野生和养殖群体多态位点比例分别从 76.6% 和 69.9% 下降至 63.93% 和 63.11%。娄剑锋等（2015）利用 AFLP 技术对岱衢洋大黄鱼人工繁育 F_2 代与官井洋大黄鱼人工繁育多代的养殖群体遗传多样性比较显示，前者具有更高的遗传多样性，群体间出现了较为显著的遗传分化。

4. 线粒体 DNA（mtDNA）

线粒体 DNA 是一个闭合环状双链的 DNA 大分子，一般由 1 个非编码控制区（control region）、2 个核糖体 RNA（rRNA）、13 个编码蛋白基因（coding gene）和 22 个转运 RNA（tRNA）组成。不同物种的线粒体组长度并不完全相同，整个线粒体基因组长度范围在 11 ~ 28 kbp 不等（贾继增，1996）。线粒体 DNA 凭借分子量少，结构简单，母性遗传，进化速度快，几乎不发生重组等特点，已经成为遗传学研究中重要的分子标记（肖武汉，2000）。目前已有 100 多种鱼类测定线粒体 DNA 全序列，这些鱼类的线粒体 DNA 的结构均由 2 个 rRNA 基因（12S rRNA 和

16S rRNA）、22 个 tRNAs 基因、控制区（D 环区）、13 个疏水性蛋白质多肽和轻链复制起始区组成（宋林，2007）。线粒体基因组常用作分子标记，主要为保守性较高的细胞色素 c 氧化酶 3 个亚基基因（$CO\,I$，$CO\,II$，$CO\,III$）和细胞色素 b 基因（林能锋，2008）。控制区作为进化速率较快的片段，突变形成的单碱基位点变异能够反映群体的遗传结构，在种内遗传学研究中占有重要地位。陈淑吟等（2011）利用线粒体 $CO\,I$ 基因序列片段标记方法对野生和养殖大黄鱼进行了研究，结果显示，养殖群体的遗传多样性低于野生群体，并指出原因是由于人工养殖群体亲本个数少及近亲交配等丧失某些特定的等位基因造成的。

5. 微卫星标记（SSR）

微卫星 DNA（microsatellite DNA），又称简单序列重复（simple sequence epeats，SSRs）或短串联重复（short tandem repeats）或简单序列长度多态性（simple sequence length polymorphism）（Wang et al.，2002）。短串联重复序列以 2 ~ 6 bp 的短核苷酸为基本单位，首尾相连，主要以（AC）（TG）为重复单位，组成串联序列（何平，2016）。微卫星重复序列两侧的 DNA 片段，其碱基组成是相同的，所以要将这段重复序列切下，仅使用一两种限制酶即可。相比较其他遗传标记而言，微卫星 DNA 标记具有多态性高、稳定可靠性好、共显性遗传、对模板质量要求低以及开发和使用成本低等优点（Ohno，1987），所以这一技术发展很快，已广泛应用于个体鉴定、群体遗传分析、构建连锁图谱等领域。而开发出一批具有多态性的 SSR 引物则是 SSR 标记应用的基础，传统的大黄鱼 SSR 开发方法（林能锋等，2005）主要有基因组文库法、富集文库法、EST 文库法，研究人员分别采用这些方法筛选获得了 2 对、87 对和 22 对 SSR 引物。近年来，随着测序技术的进步和成本的降低，利用测序技术快速开发大黄鱼 SSR 正在成为一种新趋势（Frey，2013）。随着一批高质量 SSR 引物的开发，SSR 标记在大黄鱼遗传多样性研究上的应用也越来越广泛。赵广泰等（2010）利用 13 个 SSR 标记研究了大黄鱼"官井洋优快 01"品系连续 4 代选育群体遗传多样性变化，发现随着选育的进行，F_1 代到 F_4 代的期望杂合度（He）从 0.693 降至 0.581。Wang 等（2002）对 5 个养殖群体和 3 个野生群体的遗传多样性研究结果显示，养殖群体和野生群体的期望杂合度（He）分别为 0.462 ~ 0.571 和 0.591 ~ 0.649，低于海水鱼类的平均水平（He=0.79）（刘洋，2015）。林能峰等（2008）采用 SSR 标记对大黄鱼种群遗传结构进行分析的结果表明，大黄鱼不同群体间存在着较强的基因流，其认为主要原因可能是人工养殖大黄鱼的原始亲本群体较小，近亲繁殖现象较为严重以及在种苗生产和销售中存在相当频繁的跨地域交流。近年来，一些新型 SSR 研究方法的应用，大大提高了研究的效率和准确性。武祥伟等（2011）采用荧光标记 SSR（fSSR）技术进行了大黄鱼亲子鉴定的研究，结果显示在使用 6 对引物的情况下，大黄鱼 2 个种群的亲子鉴定率超过 99%。与常规的聚丙烯酰胺法相比，该方法能检测更多的目的条带，可重复性强，检测效率为常规方法的 6 ~ 10 倍。除荧光标记技术外，SSR 多重 PCR 体系的建立（李佳凯等，2014）也为 SSR 标记技术的广泛应用提供了便利。

第二章
大黄鱼环境生理学

第一节 大黄鱼对盐度变化的生理适应性

盐度是与海水鱼类生长和繁育密切相关的外在环境因素之一，盐度影响鱼类的一系列生理活动，进而影响鱼类的生长和存活（王妤等，2011；冯娟等，2007；余德光等，2011 等）。已有的研究报道表明，盐度的小幅度变化并不影响一些广盐性鱼类的生长，如牙鲆、川鲽、鲈鱼等，而其他非广盐性鱼类在低或高盐度条件下的生长都受到了影响，盐度的剧变不仅会影响鱼类生长，甚至会导致鱼类死亡（郭进杰等，2016）。大黄鱼为集群洄游性鱼类，其适盐范围比较广，适应盐度为 6.50 ~ 34.00（即比重 1.005 ~ 1.026），最适盐度为 24.50 ~ 30.00（即比重 1.018 ~ 1.023）。大黄鱼在官井洋产卵场产卵时的表层盐度在 27.00 ~ 30.00。实践证明，在 17.00 ~ 31.00 的盐度条件下，都可以正常地进行室内人工育苗，当盐度低于 22.25（即比重约 1.017）时，大黄鱼的受精卵便会下沉水底，因缺氧而窒息死亡，当盐度慢慢调近至 0.00 时，大黄鱼尚可存活，在盐度高于 34.00 海域，大黄鱼便较难适应。李兵等（2012）研究分析了大黄鱼对盐度的适应性，结果表明，大黄鱼早期各发育阶段对盐度的适应范围分别为：30 日龄幼鱼为 5.5 ~ 41.0，卵黄囊消失仔鱼为 6.8 ~ 23.3，开口仔鱼为 8.2 ~ 39.4，稚鱼为 9.3 ~ 26.7，初孵仔鱼为 18.9 ~ 33.1，经过低盐耐受性驯化后的大黄鱼幼鱼在盐度为 10 的海水中养殖 80 d 后，其体长和体质量均有增长。

一、低盐环境对大黄鱼生长、成活率和性腺发育的影响

经过逐步驯化后，在盐度 0 ~ 1 的环境中，大黄鱼幼鱼可以实现正常的生长，其养殖成活率不低于正常海水养殖组，生长速度也不亚于正常海水养殖组（黄伟卿，2015；黄伟卿等，2017）。将大黄鱼在盐度 5 的环境中性腺发育的情况同正常海水组进行对比，结果发现，卵巢可以发育成熟，但性腺指数低，成熟卵细胞所占比例明显低于正常海水组（郭进杰等，2016）。

二、盐度对大黄鱼早期各发育阶段的影响

鱼类在适宜的盐度范围内胚胎都能够进行正常发育，只是发育速度有所差异，胚胎孵化时间也会发生变化，但并不明显，且因鱼而异。鱼类胚胎的发育过程会受到渗透压梯度的影响，受精卵内渗透压可通过卵内原生质层调节，进而保持相对稳定，但是渗透调节能力是有限的。当盐度过低时会造成受精卵膜内外渗透压差的剧烈变化，导致受精卵膜内外的渗透压平衡难以调节，引起胚胎细胞死亡或者不能正常分裂，从而降低受精卵的孵化率（王宏田等，1998）。对鲤鱼（*Cyprinus carpio*）（郭永军等，2004）、倒刺鲃（*Spinibarbus denticulatus denticulatus*）（谢刚等，2003）和半滑舌鳎（*Cynoglossus semilaevis*）（张鑫磊等，2006）的研究结果表明，盐度不会对孵化时间造成影响。然而，对奥尼罗非鱼（*Oreochromis niloticus×O.aureus*）（强俊等，2009）、大银鱼（*Protosalanx hyalocranius*）（刘锡胤等，2000）和点带石斑鱼（*Epinephelus coioides*）（施兆鸿，2008）的研究结果表明，受精卵胚胎发育所需时间随着盐度的升高而延长。对七带石斑鱼（*Epinephelus septemfasciatus*）（赵明等，2011）、半滑舌鳎（柳学周等，2004）和条石鲷（施兆鸿，2009；蔡文超等，2010）的研究结果都显示，盐度降低会导致胚胎的孵化率下降，并呈现发育畸形或发育受遏制的现象。

陈惠群等（2005）研究 20 日龄和 30 日龄大黄鱼对盐度的适应性发现，30 日龄比 20 日龄适应盐度的能力更强，但在盐度 9 时，开始出现大量死亡。沈盎绿等（2007）研究表明，驯化大黄鱼至盐度为 2.5 时，48 h 出现半数致死。王晓清等（2009）研究表明 40 日龄大黄鱼苗种，在盐度 8.08 ~ 9.18，温度 27 ~ 30℃条件下，30 h 后全部死亡。沈李兵等（2012）研究表明，30 日龄的大黄鱼苗可耐受最低盐度 5.5。黄伟卿（2015）在对 23 日龄的大黄鱼苗种进行低盐驯化，研究表明，养殖至盐度为 2 时出现了大量死亡现象。黄伟卿等（2018）的研究结果发现 30 日龄比 25 日龄和 5 日龄适应盐度的能力更强，但在盐度 2 时，很快出现大量死亡现象。

大黄鱼早期各发育阶段在不同盐度下的死亡率见图 2-1。初孵仔鱼在盐度 5、10、40 及 45 条件下 72 h 内死亡率都比较高，死亡率均超过 50%，而在盐度 25 条件下，72 h 内死亡率为 16.1%，说明初孵仔鱼不适应较高和较低盐度环境。开口仔鱼在 72 h 内死亡率除盐度 10 和 25 未超过 20% 外，其他各盐度下死亡率均超过 50%，说明仔鱼在开口后对低盐环境（盐度 10）适应性有所增强。

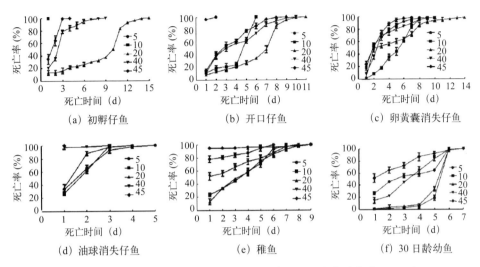

图 2-1 大黄鱼早期各发育阶段在不同盐度下的死亡率（李兵，2012）

卵黄囊消失仔鱼 72 h 内除盐度 10 死亡率未超过 20% 以外，其他盐度下死亡率都超过了 50%，说明卵黄囊消失仔鱼更适应于盐度 10 左右的低盐环境。油球消失仔鱼 24 h 后在各个盐度下的死亡率都比较高，说明油球消失仔鱼是一个比较脆弱的时期。在稚鱼期，盐度 10 和 25 条件下 24 h 死亡率为 20% 左右，72 h 仍未超过 50%，而其他各盐度 24 h 死亡率均超过 50%，说明稚鱼期的渗透压调控功能较弱，死亡率较高。30 日龄幼鱼，在盐度 10 和 25 条件下，96 h 的死亡率未超过 10%，而其他盐度下死亡率均超过 50%，说明 30 日龄幼鱼的渗透压调控功能明显增强，具有较高的低盐耐受能力。

在海水鱼类苗种培育阶段，盐度对其胚胎发育（许晓娟等，2009）、仔稚幼鱼的生长发育和存活（强俊，2009）均起到至关重要的作用。盐度通过影响鱼类机体的渗透调节，脂肪酸组成（胡先成等，2008），消化酶（庄平等，2008）、抗氧化酶活力（孙鹏等，2010）的大小和免疫相关因子含量等指标（冯娟等，2007），进而影响到机体对渗透压的调节、食物的消化吸收和对病害的抵抗能力，并最终影响鱼类的生长和存活。

三、大黄鱼对盐度变化的耐受性

1. 大黄鱼幼鱼对盐度突变的耐受性

将大黄鱼幼鱼从正常盐度直接移至不同盐度后，发现移入盐度为 0 的水体，2 h

内存活率不超过50%，6 h内全部死亡；移入盐度为1的水体，3 h开始死亡；移入盐度为2的水体，4 h开始出现死亡，12 h、24 h、48 h、72 h的存活率分别平均为79%、76%、74%、72%；移入盐度为3以上的水体，72 h内的存活率均高于10%。结果表明，将大黄鱼幼鱼直接从海水移入盐度大于3的水体中，72 h内不会导致明显死亡；将大黄鱼幼鱼直接从海水移入盐度为2的水中，72 h内会导致部分幼鱼死亡，因此在盐度为2的水中处理大黄鱼幼鱼0～4 h不会导致死亡；将大黄鱼幼鱼直接从海水移入盐度为1的水中，24 h内大部分死亡；将大黄鱼幼鱼直接从海水移入淡水中，6 h内全部死亡（曾荣林等，2013）。

2. 大黄鱼幼鱼对盐度渐变的耐受性

将大黄鱼幼鱼从海水移入盐度为6的水中后，未见死亡，再以不同的幅度降低盐度，大黄鱼幼鱼的死亡率存在差异（图2-2）。渐变幅度为 −1/d（每天降1）的实验组，在盐度分别降至3、2、1后，24 h存活率分别为93%、84%、76%；盐度降至0后，6 h后半数死亡，24 h内全部死亡。渐变幅度为 −2/d 的实验组，在盐度降至4后，24 h内存活率平均为96%；盐度降至2后，24 h内存活率平均为82%；盐度降至0后，24 h内全部死亡。渐变幅度为 −3/d 的实验组，盐度降至3后，24 h内存活率为92%；盐度降至0后，24 h内全部死亡（曾荣林等，2013）。

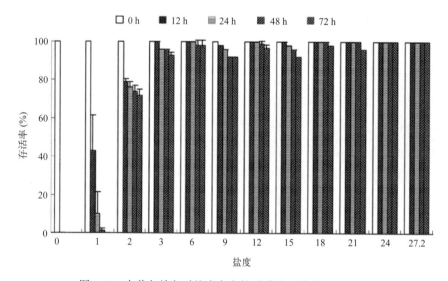

图2-2 大黄鱼幼鱼对盐度突变的耐受性（曾荣林，2013）

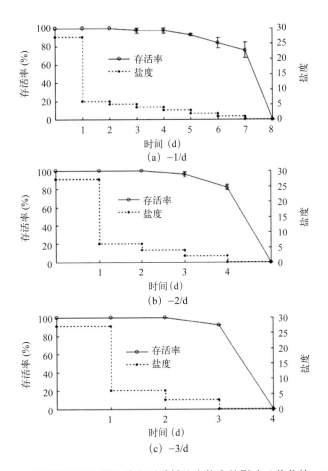

图2-3 盐度渐变对大黄鱼幼鱼耐受低盐度能力的影响（曾荣林，2013）

3. 盐度对大黄鱼精子活力的影响

当盐度为19.61～35.35时（图2-3），大黄鱼精子有较高的激活率（≥90%）；盐度为19.61～24.87时，精子的活动时间较长（≥9.65 min）；盐度高达39.25时仍有80%的精子被激活，且活动时间长达6 min；盐度≤15.01时，精子的激活率、活动时间及寿命都急剧下降，盐度为5.12时，精子不被激活（朱东发，2005）。

此外，淡水对大黄鱼精子活力影响的试验表明（表2-1）：精液用蒸馏水处理，不能激活精子；蒸馏水处理2 min后，添加2倍体积的盐度为39.25的海水激活，仅可见个别精子运动；精液用盐度为24.87的海水激活后添加3倍体积的蒸馏水处理，正快速运动着的精子立即停止运动，再添加10倍体积的盐度为39.25的海水处理，则大部分精子又恢复运动状态（朱东发，2005）。

表 2-1　不同盐度的海水对大黄鱼精子活力的影响

（朱东发，2005）

盐度	激活率（%）	活动时间（min）	寿命（min）
5.12	0	0	0
10.42	10	0	0
15.01	40	1.33	2.37
19.61	90	13.30	15.92
24.87	95	9.65	13.50
30.12	95	8.10	11.75
35.35	90	6.93	11.17
39.25	80	6.00	8.62

4. 大黄鱼低盐能力在生产上的应用

白点病是由刺激隐核虫所引起的大黄鱼养殖和育苗中常见的寄生虫病，常引起大黄鱼的大量死亡，是近年来大黄鱼养殖中最为严重的病害。目前，大黄鱼白点病尚无特效药。生产上常采用淡水或低盐度浸泡的方法来防治（王昌各等，2002）。根据已有的研究报道，对于 2 m 龄的大黄鱼幼鱼，采用淡水浸泡，2 h 内的死亡率超过 50%，是比较危险的处理方法。若把盐度降低到 3，浸泡 24 h，则是比较安全的。当然，由于大黄鱼对低盐度的耐受力受环境、营养、规格和健康状况等的影响，而且存在个体差异，所以，在处理前应取少量鱼预先实验，以确保安全。传统的大黄鱼养殖多采用近海网箱养殖方式，养殖海区常年超负荷养殖，致使底质环境恶化，病原生物大量繁殖，病害频发，引起养殖大黄鱼大量死亡。改变养殖模式是解决大黄鱼养殖病害问题的途径之一。工厂化养殖作为国内外鱼类养殖的主要发展方向，也是大黄鱼养殖的发展方向之一，但发展大黄鱼的工厂化养殖首先必须解决困扰大黄鱼养殖的白点病防治问题。从大黄鱼幼鱼对低盐度的耐受情况来看，定期加淡水处理是一种可行的防治白点病的有效方法（汤瑜瑛等，2003）。

第二节　大黄鱼对温度变化的生理适应性

大黄鱼属于暖温性鱼类，适温范围在 8 ~ 32℃，最适的生长温度为 20 ~ 28℃。养殖的大黄鱼水温下降至 13℃以下或高于 30℃，食欲就会明显降低，"应激反应"

的频率明显增加。在适温范围内，大黄鱼对降温的反应远较升温的敏感。若在数小时内的水温降低 2～3℃，就会明显影响其摄食，尤其会影响鱼苗的活力，甚至引起死亡；而在同一时间里，水温升高 2～3℃，对大黄鱼却未见明显的不良影响（唐黎标，2016）。大黄鱼死亡的低限水温在 6℃左右，但水温下降的速度快或慢依次可使死亡的极限水温上移或下降。在接近极限的低水温情况下，快速降温、水流湍急或人为扰动，均会加快其死亡。2005 年 3 月初，浙江沿海网箱的大黄鱼，由于寒潮南下水温快速下降并持续多日，几乎"全军覆没"；而在室内水池中，水温缓慢降至 7℃时，大黄鱼尚能少量摄食。水温高于 26℃时就会影响大黄鱼胚胎的正常发育，孵出的仔鱼畸形率明显升高。

由于生活在水中，水环境的温度就显得非常重要。鱼类体温不能像哺乳动物那样固定，而是可以随着温度不同，而发生一定程度的变化。水温的高低情况，现阶段发生的变化，对于鱼类的生长和繁殖，各方面新陈代谢，均存在一定的影响。根据水环境的实际特点，一旦温度相对来说较低，不超过 10℃，那么此时鱼类就会逐渐降低进食，准备开始冬眠。就水环境方面的特点而言，只有在 10℃之上，才开始频繁活动并且进食。根据大多数鱼类的特点，温度只有保持在 25℃左右，才能最适宜生长。鱼类如果处于不同生长发育过程，在对水温忍耐力方面，实际上也是有所不同。一般水温的瞬间波动，需要小于 2℃。一旦大于忍耐力范围，将很可能导致鱼体出现感冒，如果情况比较严重的话甚至休克。鱼类自身的机体，也会面临严重损害。如果是在冬天进行捕捉，气温需要超过 5℃，不然将会导致鱼种肌肤冻伤。

此外，水温高低情况，还能借助改变其他要素，间接影响到整个鱼类，比方说鱼类疾病的出现和水温等环境条件，关系就会比较密切。特别是到了夏季，就会经常产生热雷雨等现象，将会使渔场内的一些废物残渣在原有基础之上加速分解。在渔场的水中，无论是还原物还是浮游物，将会出现明显增加，并且在耗氧量上也会出现明显的加大，从而导致水中缺氧，并且使相当一部分鱼类，容易出现感染疾病甚至死亡的情况。

一、突变高温胁迫对大黄鱼血清生理指标的影响

鱼类作为变温动物在水温突变时会引起鱼体一系列生理变化，进而影响机体内环境的稳定。对鱼类不适宜的高温会使鱼体产生高温应激反应，进而影响鱼类的免疫系统，导致鱼体的抗逆性变差，严重时会导致鱼体死亡（王文博等，2001）。鱼

类生理指标被广泛用于衡量鱼类新陈代谢能力和生理健康程度（洪磊，2004），国内外已有研究表明，皮质醇（COR）、血糖（GLU）以及乳酸（BLA）含量随应激程度的不同而呈现规律性的变化，这3个指标已广泛应用于评价鱼类机体生理健康状况（庞启华，2004；刘小玲，2006等）。

李庆昌等（2016）采用的是突变高温应激的方法来检测分析温度对大黄鱼幼鱼血清生理指标的影响，发现大黄鱼幼鱼在33℃高温胁迫下有强烈的应激反应，表现为呼吸加快、极度不安、游动剧烈；在33℃高温应激2 h时血清中的皮质醇、血糖和乳酸含量均有显著的升高，2 h后实验组幼鱼陆续死亡。李佳凯等（2015）选用12 m龄的大黄鱼采用缓慢升温方法，初步确定了幼鱼开始死亡的温度为32℃，32℃维持7 d后发现血清中的血糖、胆固醇含量均有显著的下降，这可能是应激时间过长，鱼体消耗能量过多且不能及时得到补充所致（表2-2）。

表2-2 高温应激下大黄鱼血清中的皮质醇、血糖和乳酸含量的变化

（李庆昌等，2016）

温度（℃）	时间（h）	皮质醇浓度（ng/mL）	血糖浓度（mmol/L）	乳酸浓度（mmol/L）
23	2	7.16 ± 0.20	5.85 ± 1.68	3.36 ± 1.09
33	2	$14.90 \pm 3.12^{**}$	$10.65 \pm 2.92^{*}$	$5.06 \pm 0.93^{*}$

二、温度骤降对大黄鱼鱼卵与仔鱼的影响

已有研究发现大黄鱼对温度敏感：当水温超出适温范围后，鱼卵的孵化率降低、死亡率升高。温度急升会提高仔鱼的死亡率（廖一波，2006）；温度骤降（如寒潮侵袭）会引起大黄鱼越冬群体大量死亡（徐镇，2006）。温度骤降可能对大黄鱼的鱼卵和仔鱼造成负面影响，但实际的冷冲击效应尚不明确。鉴于大黄鱼在海洋经济与生态中的重要地位，周孔霖等（2018）以大黄鱼的鱼卵和仔鱼为研究对象，通过室内受控实验模拟水温骤降的情形，探究温度骤降幅度对大黄鱼早期发育阶段的孵化率、死亡率、畸形率等的影响作用。研究结果发现大黄鱼仔鱼（3日龄）对温度骤降的敏感性略高于鱼卵。在大黄鱼鱼卵和仔鱼的适温范围内，当水温由22℃骤降至19℃或16℃时，鱼卵的孵化率和死亡率无明显变化，而胚胎发育和仔鱼的生长发育均减缓，仔鱼的死亡率提高；水温超出适温范围，由22℃骤降至13℃或10℃时，对鱼卵和仔

鱼造成致命的冷冲击伤害，48 h 累积死亡率分别为 84.6% ~ 100% 和 72.1% ~ 98.2%（图 2-4 至图 2-7）。

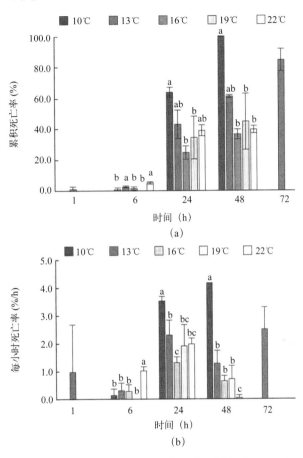

(a)

(b)

图 2-4　各温度组鱼卵的死亡率变化（周孔霖，2018）

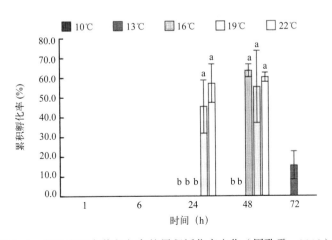

图 2-5　各温度组大黄鱼鱼卵的累积孵化率变化（周孔霖，2018）

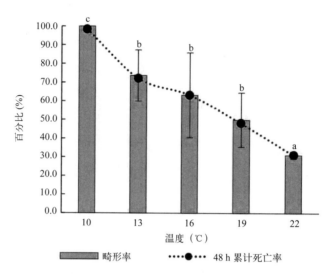

图 2-6 各温度组大黄鱼仔鱼的畸形率（周孔霖，2018）

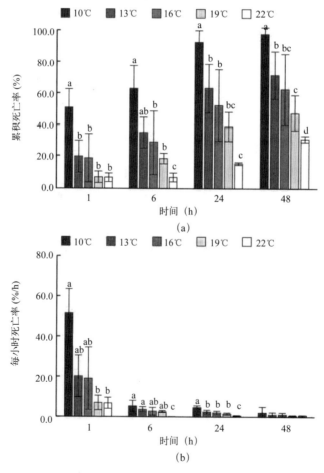

图 2-7 各温度组大黄鱼仔鱼的死亡率变化（周孔霖，2018）

第三节　大黄鱼对光照、溶解氧和 pH 值变化的生理适应性

一、大黄鱼对光照变化的生理适应性

大黄鱼对光的反应十分敏感，尤其是仔、稚鱼阶段（胡杰，1996）。在水柏年（2004）的研究中指出大黄鱼幼鱼具有显著的趋光性，它适宜在光照强的水域生活。在自然海区中，大黄鱼多于黎明与黄昏时上浮觅食，白天则下沉于中下层。在室内培育的大黄鱼亲鱼及其仔、稚鱼，在光线突变时，不论是开灯还是关灯，都会引起大黄鱼的窜动，甚至跳出水面。在自然光线下，室内育苗池中的鱼苗，早晚常在池的上层集群；阳光强烈的午后多沉到池底。白天的阳光下，在网箱水面上是看不到养殖大黄鱼的，只有在早晨和傍晚才游上表层。黑暗的环境会明显地影响大黄鱼的摄食，尤其是仔、稚鱼。为了让鱼苗在夜间照常摄食，只要在苗池上方开灯照明即可。大黄鱼体侧下部各鳞片下均具一金黄色皮腺体，可分泌金黄色素而使大黄鱼呈金黄色。但该金黄色素极易被日光中的紫外线破坏而褪色。为了保持大黄鱼的金黄体色，养殖业者都是到夜间才去捕捞网箱中的养殖大黄鱼（刘家富，2013）。总体而言，大黄鱼喜弱光、厌强光，适宜的光照强度在 1 000 lx 左右。

二、大黄鱼对水中溶氧变化的生理适应性

大黄鱼的溶解氧量的要求一般在 5 mL/L 以上，其溶解氧的临界值为 3 mL/L；而稚鱼的溶解氧临界值为 2 mL/L。但在酸碱度低于 6.5 时，鱼血液的载氧能力下降，这时即使水中含氧量较高，鱼也会因缺氧而"浮头"。当水中溶解氧不足时，轻则影响养殖大黄鱼的饵料转化率和生长，影响亲鱼的性腺发育；重者会引起鱼的窒息死亡。充足的溶解氧是大黄鱼网箱养殖获得高单产、高效率、少病害、低成本和产品无公害的基本条件，也是根本保证（刘家富，2013）。

与一般养殖鱼类相比较，大黄鱼对水中溶氧水平的要求较高。在水温 25℃ 的环境下，当水中溶解氧下降到 4.1 mg/L 时，平均体长为 8.3 cm（7.8 ~ 9.1 cm）的鱼苗就可能出现浮头现象；溶解氧下降到 2.4 mg/L 时就会出现死亡，而对于大多数养殖鱼类来说，这种溶解氧水平尚处于正常状态。

大黄鱼对低氧的忍受能力远低于尼罗罗非鱼（0.15 ~ 0.23 mg/L）、鲤鱼

（0.3 ~ 0.35 mg/L）、鳜鱼（0.48 mg/L）、青鱼（0.58 mg/L）和青石斑鱼（0.816 mg/L）等常见的养殖鱼类，其高密度养殖需要供氧充足的条件。大黄鱼在亲鱼培育期，受精卵孵化期和仔、稚鱼生长期溶解氧均需保持在 5 mg/L 以上（苏永全，2004）。海水中溶解氧一般是可以满足大黄鱼的需要，但如果放养密度过高、水交换较差时，海水中溶解氧一旦低于 4 mg/L，大黄鱼就会出现摄食下降，生长停滞的现象，甚至产生停食、浮头乃至死亡（苏永全，2004）。

张学舒等（2007）结果表明（表 2-3），温度对大黄鱼鱼苗的耗氧率有较大影响，在选定的 3 个试验温度值里，表现出温度越高，鱼的耗氧率越高特点。3 个温度组间的 Q_{10} 值［$Q_{10} = (R_2 / R_1) 10 / (t_2 - t_1)$］未表现出明显差异，但温度从生活低限上升到 20℃比其 20 ~ 25℃对耗氧率的影响要大。可能是由于 14℃已经接近该鱼正常生活的温度下限，如果温度再降低，对其生命活动将产生重大的影响。

表 2-3 不同温度下大黄鱼鱼苗耗氧率
（张学舒等，2007）

水温（℃）	平均体重（g）	稳定后取样时间（min）	流入水溶氧量（mg/L）	流出水溶氧量（mg/L）	流量（mL/min）	耗氧率（μmg/g·min）	平均耗氧率（μmg/g·min）	Q_{10} 值
14	7.45	60	8.58	7.19	150	2.863	2.833	
		120	8.58	6.50	100	2.794		
		180	8.42	4.18	50	2.843		1.706 5
20	7.32	60	7.71	6.24	200	4.017	3.904	
		120	7.67	5.78	150	3.869		
		180	7.72	4.92	100	3.826		1.435 2
25	7.46	60	7.19	5.81	250	4.622	4.677	
		120	7.22	5.51	200	4.597		
		180	7.21	4.82	150	4.812		

三、大黄鱼对水体 pH 值变化的生理适应性

普通海水的酸碱度一般在 7.85 ~ 8.35，适合大黄鱼生长存活。但大黄鱼的育苗实践表明，当水质由于某些有害物质的积累对其仔、稚鱼产生影响时，酸碱度往往仅有微小变化。但就其酸碱度本身而言，不足以对大黄鱼产生有害影响。为此，应

掌握其起始的酸碱度，以从酸碱度微小的变化中找出其他有害因子的影响，并及时予以排除（刘家富，2013）。

　　对于大多数鱼类，通常适合于微碱性水，一旦酸性与碱性过强，均不适合多数鱼类，使其难以良好的生存。通常来说，对于常规鱼类，普遍要求水环境较为适宜，尤其是其中的 pH 值，需要介于 7.5 ～ 8.5，在此条件下一般为最适宜。通常情况下，这样的环境就会呈现出微碱性，进而对于鱼类生长繁殖等方面均十分有力。并且反过来对于水环境方面，也会非常有利。但是如果相对水质偏酸，一方面鱼类可能生病，另一方面鱼类难以保持顺畅的呼吸，并且对进食后的消化等方面均造成一定不利。偏酸性的水质，一般利于致病菌繁殖。在酸碱度方面，一旦出现过高的问题，还会提升环境中氨的毒害水平，使鱼体长期处于此种环境中，就容易出现相应的中毒反应。pH 值小于 4，酸性普遍较强，或者说 pH 值超过 10，碱性过强，则对于那些常规鱼类来说，均难以对此环境进行忍受，从而导致死亡。一旦水质监测的过程中发现偏酸，那么相关人员需要通过生石灰等碱性物质，对环境进行一定程度的改良。偏碱则施有机肥，氯化钙或生理酸性物质，比如黄壤，红壤化浆全池遍洒等（唐黎标，2016）。当 pH 值为 5.0 ～ 9.0 时，大黄鱼精子都有较高的激活率（≥ 80%）；pH 值为 7.5 ～ 8.0 时，精子的活动时间（9.90 ～ 10.67 min）和寿命（17.23 ～ 17.90 min）都较长；pH 值 ≤ 4.0 时，精子的激活率、活动时间和寿命都下降较快（表 2-4）。

表 2-4　不同 pH 值对大黄鱼精子活力的影响

（朱东发，2005）

pH 值	激活率（%）	活动时间（min）	寿命（min）
3.0	40	2.50	2.92
4.0	70	6.17	9.30
5.0	80	9.55	13.78
6.0	85	9.50	16.20
7.0	80	8.55	12.72
7.5	90	10.67	17.90
8.0	80	9.90	17.32
9.0	80	7.83	14.35
10.0	70	7.17	10.25

第三章
大黄鱼新品种选育

大黄鱼是一种高值美味，群众十分喜爱的海产鱼类，是我国传统四大海洋经济鱼类之一，有"海水国鱼"的美名。由于酷渔滥捕，资源衰竭，海洋捕捞已形不成渔汛，20世纪80年代以来，随着人工规模化育苗与养殖技术的突破，大黄鱼海水网箱养殖发展迅速，我国大黄鱼已形成年育苗量超30亿尾、养殖产量达22.55万t（2019年）的产业，是我国第一大海水养殖鱼类。随着产业的快速发展，大黄鱼养殖因种质退化、养殖方式不良和养殖环境恶化等原因导致生长速度减慢、病害频发、体形变短、肉质鲜味差等问题，影响商品鱼品质和养殖效益。鉴于产业发展对良种的迫切需求，21世纪初以来，国内多家单位开展了大黄鱼的良种选育和新品种培育工作，先后培育出大黄鱼"闽优1号"（集美大学，2011）、大黄鱼"东海1号"（宁波大学，2013）和大黄鱼"甬岱1号"（宁波市海洋与渔业研究院，2020）新品种。

第一节　大黄鱼"闽优1号"

"闽优1号"大黄鱼是由集美大学和宁德市水产技术推广站在2001年开始，以官井洋附近海区捕获的野生大黄鱼为基础群体，以生长速度、体形和成活率为主要选育目标，经过5代选育获得的大黄鱼品种（赵广泰，2010；王志勇，2014）。中试结果表明，该品种与普通养殖大黄鱼群体相比，生长速度和成活率均有显著提高（俞逊，2010）。

"闽优1号"大黄鱼的选育，综合了群体选育和雌核发育两种技术（图3-1）。在2001年，从野生官井洋大黄鱼中挑选出生长快、性状好的个体，作为亲本繁育 F_1 代。之后在每代鱼苗苗种下海后养殖至第一年秋季和第二年春季时各进行1次分选，选择生长快、体形好、健壮无病的个体，到最后的性成熟催产，总共进行4次选择。而雌核发育技术方面，在培育 F_2 代鱼苗时，通过对部分 F_1 代优良雌鱼进行雌核发育，获得了全雌 G_1 代。F_3 代鱼苗是通过将 F_2 代后备亲鱼与部分性状优良的 G_1 代混合繁育获得的，并且同时诱导了部分优秀 G_1 代雌核发育成 G_2 代。最后的"闽优1号"，

即从 F_3 代后备亲鱼群体中选取符合目标性状雄鱼，与优选后的 G_2 代横交繁育得到（王志勇，2014）。

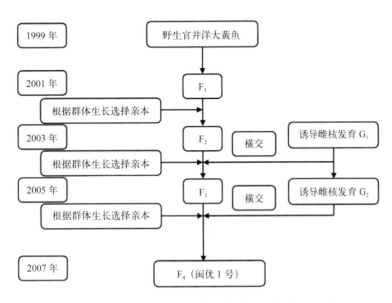

图 3-1　"闽优 1 号"选育技术线路（王志勇，2014）

在"闽优 1 号"品种培育过程中，通过在养殖及亲本强化培育环节进行多次选择，并在繁育 F_3 代与 F_4 代时使用雌核发育与横交固定的方法，提高了选育效率。群体选育是常规的选育手段，主要优点是操作简单，对于遗传力高且从未进行过选育的混合群体很容易取得选育进展，缺点是基因纯化的速度较慢。雌核发育属于染色体组工程范畴，通过对优秀雌鱼进行人工诱导雌核发育，其产生的后代只有母本基因，辅以适当的人工选择，可快速纯化种质，解决群体选育过程中基因纯化速度慢的缺点，从而加快育种速度（王志勇，2014）。

使用微卫星分子标记对大黄鱼"闽优 1 号"品系的核心群体进行遗传结构及遗传多样性进行分析，发现"闽优 1 号"大黄鱼品系经过连续 4 代的选育，其遗传多样性逐步降低，但降低幅度逐渐减小，相邻世代间的遗传相似度逐步增加，选育群体的遗传基础逐步得到纯化，基因型逐渐趋向纯合、稳定，形成了较为稳定的品系（赵广泰等，2010）。

"闽优 1 号"的特征特性：大黄鱼"闽优 1 号"形态特征和其他养殖大黄鱼品系基本相似，不同之处表现为体色偏黄，体形较为接近野生型。大黄鱼"闽优 1 号"对环境有较强的适应能力，对水体的 pH 值、低溶解氧等理化因子亦有较强的忍受力。

养殖推广试验证明，适宜各种养殖模式，包括适应网箱养殖、围网养殖、室内工厂化养殖和池塘养殖。

"闽优 1 号"的产量表现：从 2001 年开始进行第 1 代选育起，对"闽优 1 号"进行持续跟踪观察，并对其生产性能进行评价。2007 年开始进行较大规模的示范与推广养殖。根据宁德海洋技术开发有限公司、连江永德水产养殖有限公司、三都镇青山岛海区郭有堂渔排等养殖单位或养殖业者的反馈信息，与普通养殖大黄鱼相比，"闽优 1 号"大黄鱼成活率提高 13.5% ～ 24.5%、生长速度快 20% 以上，体形好、售价高，很受养殖业者欢迎。"闽优 1 号"的主要养殖技术如下。

一、仔、稚鱼培育

1. 理化环境要求：水温 18 ～ 26℃，盐度 20 ～ 32，并避免突变。光照以 1 000 ～ 2 000 lx 为好，避免光照度骤变与阳光直射。连续充气，尽量使充气的气泡均匀，无死角，充气量在 10 日龄前为 0.1 ～ 0.5 L/min，之后为 2 ～ 10 L/min，溶氧量 5 mg/L 以上。海水经暗沉淀、沙滤，并用 250 目网袋过滤入池。

2. 培育密度：仔鱼期 2 万 ～ 5 万尾 /m³，稚鱼期 1 万 ～ 2 万尾 /m³。

3. 饵料系列及投喂：根据仔稚鱼不同发育阶段，采用不同的饵料。3 ～ 12 日龄，投喂褶皱臂尾轮虫，投喂前经 6 h 以上密度为 2.0×10^6 细胞 /mL 小球藻液强化培养。12 ～ 16 日龄，投喂卤虫无节幼体，水中密度为 0.5 ～ 1 个 /mL。16 日龄以上投喂桡足类及其无节幼体，水体中保持密度在 0.2 ～ 0.5 个 /mL。

4. 日常管理与操作：每天用虹吸管或吸污器吸去池底的残饵、死苗及其他杂物。仔鱼孵化后 3 d，若条件许可，可往培育池中增加小球藻，进行"绿水"培苗，其密度保持在 3.0×10^5 ～ 5.0×10^5 细胞 /mL。10 日龄前，每天换水 1 次，换水量为 20% ～ 30%。10 日龄后，换水量增加，换水量为 30% ～ 100%。每天注意观察仔稚鱼的摄食情况，统计死鱼数，监测水温、比重、酸碱度、溶解氧、氨氮和光照度等理化因子的变化情况。

二、鱼种培育

1. 网箱规格：采用常用的网箱养殖的方法进行培育，网箱规格一般为边长 3 ～ 4 m，深 4 m，也可用更大的网箱进行培育，网衣为无结节网片。鱼苗全长 25 ～ 30 mm 时，网目长为 3 ～ 4 mm；鱼苗全长 40 ～ 50 mm 时，网目长为 4 ～ 6 mm；

鱼苗全长 50 mm 以上时，网目长为 8 ~ 10 mm。

2. 放养密度：刚放养鱼苗（全长 2.5 cm 左右）时密度在 1 500 尾 /m³ 左右，随着鱼体的长大，密度逐渐降低。

3. 饵料系列及投喂：刚入网箱的鱼苗，投喂适口的配合饲料如粉状鳗鱼饲料、鱼肉糜、大型冷冻桡足类等；养至 25 g 以上的鱼苗直接投喂经切碎的鱼肉块或配合颗粒饲料。采用少量多次，缓慢投喂的方法，刚入网箱时鱼苗每天投喂 8 ~ 10 次，后可逐渐减少至早晨和傍晚各 1 次。全长 30 mm 以内的鱼苗，刚开始时鱼肉糜日投饵率 100% 左右，随着鱼苗长大，逐渐降低投饵率。

4. 日常管理：网目长 3 mm 的网箱隔 3 ~ 5 d，网目长 4 mm 的网箱隔 5 ~ 8 d，目长 5 mm 的网箱隔 8 ~ 12 d，网目长 10 mm 以上的网箱视水温隔 15 ~ 30 d 进行换洗。同时对苗种进行筛选分箱和鱼体消毒。每天定时观测水温、盐度、透明度与水流等理化因子以及苗种集群、摄食、病害与死亡情况，发现问题应及时采取措施。越冬前对鱼种进行分箱操作及强化饲养。水温 10 ~ 15℃时，每 1 ~ 2 d 投喂 1 次，投饵率 1% 左右，傍晚投喂，尽量避免移箱操作。越冬后期水温回升每天投喂 1 次，投喂量再缓慢逐日增加。

三、成鱼养殖

目前"闽优 1 号"大黄鱼人工养殖有框架式浮动网箱（以下简称"网箱"）以及池塘、港湾围网、潮下带围网、深水升降式大网箱等多种养殖模式，其中以网箱养殖为主要模式。下面就以网箱养殖为例，介绍一下成鱼养殖。

1. 网箱规格：常用网箱规格为边长 4 ~ 12 m，深 6 ~ 10 m，网目长为 20 ~ 50 mm，网衣为有结节网片。

2. 放养密度：根据鱼体的大小调整放养密度，一般对规格 75 g/ 尾的鱼种推荐放养密度为 25 尾 /m³。潮流流速小、水体交换条件较差的海域和网箱，放养密度应适当降低。

3. 饲料类型及投喂：养殖"闽优 1 号"与养殖普通大黄鱼一样，可以使用低值鲜杂鱼与人工配合饲料，目前市面上有多个饲料厂商生产大黄鱼配合饲料，效果不一，但优质优价是一般规律，推荐使用质量好、营养全面的人工配合饲料进行大黄鱼成鱼养殖，即使价格稍贵，只要生长好、成活率高，最终效益要优于采用劣质廉价饲料。饲料类型可以用软颗粒饲料，也可以用浮性或半沉性硬颗粒饲料，硬颗粒饲料投喂前须用淡水浸泡。一般每天早上与傍晚各投喂一次，投饲量控制在鱼总重的1%～4%，根据摄食情况进行适当增减。夏季高温期宜减少投饲量。

4. 日常管理：根据水温和网目堵塞情况，及时换洗网箱，同时进行筛选分箱和鱼体消毒。每天定时观测水温、盐度、透明度与水流等理化因子以及鱼的集群、摄食、病害与死亡情况，发现问题应及时采取措施。在潮流不大的内湾以及网箱较为密集的区域，高温季节，尤其是小潮停潮和平潮时，出现大量降雨时，应采取措施对网箱进行增氧，或通过分稀疏散降低放养密度，防止鱼缺氧死亡或因经常处于低氧环境导致影响其健康状况和生长。

第二节　大黄鱼"东海1号"

浙江省在1986年引进大黄鱼苗种进行养殖后，每年冬季都有养殖的商品鱼冻死的情况，养殖大黄鱼越冬的水温最低只能耐受到8℃（郑岳夫等，2001）。且在养殖过程中也出现了大黄鱼生长速度变慢，性成熟提早等情况（谢书秋等，2006），影响养殖效益。在这种背景下，宁波大学与象山港湾水产苗种有限公司合作，利用在浙江岱衢洋采捕的野生大黄鱼驯化繁育的F$_1$代鱼苗作为选育基础群体，针对浙江海区养殖大黄鱼所出现的问题，开始了抗寒越冬能力强、生长速率快的大黄鱼新品种的选育（李明云等，2014）。

在生长性状选育方面，"东海1号"群体选育过程与"闽优1号"类似，但是结合"东海1号"需提升抗寒能力的选育目的，因此增加了耐低温性状选择（图3-2）。在生长性状选择过程中，采用人工低温和自然低温淘汰的方法穿插进行耐低温性状选择。对各代1龄鱼种，在当年越冬前进行室内人工低温淘汰，稳定一个阶段后下海越冬，进入第1次自然低温淘汰，第2年越冬期再进行第2次自然低温淘汰，从而选育出耐低温抗寒个体。

自2002—2010年经过5代后，选育的大黄鱼新品种性状基本稳定，定名为"东海1号"。经过中试后发现：在冬季严寒年份，大黄鱼"东海1号"越冬成活率高于当地商品苗20%以上；水温降至6℃时，"东海1号"存活率比浙江当地商品苗高22.5%；同时，大黄鱼"东海1号"在生长速度上，比浙江当地商品苗快15%以上，达到了选育的目标（李明云等，2014；苗亮等，2014）。经过多代选育后，"东海1号"大黄鱼选育群体的遗传多样性虽然略有降低，但是幅度不大，遗传多样性

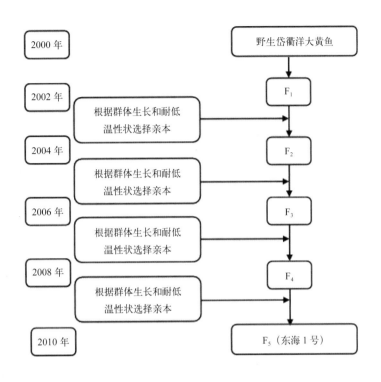

图 3-2　"东海 1 号"选育技术线路（李明云等，2014）

相比 F_2 代保持在稳定水平。SSR 的分析结果表明，大黄鱼"东海 1 号"群体的遗传多态性在中等水平（杨从戎，2014）。应用扩增片段长度多态性（AFLP）技术对"东海 1 号"大黄鱼选育系 F_4 代进行了遗传多样性分析，结果表明选育系 F_4 代的遗传多样性水平与原始亲本群体相当（侯红红等，2018）。

"东海 1 号"的特性：体形匀称、体色金黄，其营养丰富，味道鲜美，相对其他养殖鱼类肉质细嫩，肉可食比例高。具有广盐、广温和食谱广等特性，适温范围在 8 ~ 32℃，适盐范围为 6.5 ~ 34。在人工养殖条件下，可以摄食人工配合饲料。

"东海 1 号"的产量表现：在低流速的海区均能养殖，生长速度较快，规格 3 m × 3 m × 4 m 海水网箱，一般经 15 ~ 18 个月的养殖均能达 400 ~ 500 g 的商品规格，产量 540 kg，单位产量 15 kg/m³。在相同养殖条件下，大黄鱼"东海 1 号"19 月龄平均体重、体长比普通苗种养殖的分别提高 15.57% 和 6.06%；较耐低温，10 月龄鱼在水温逐步降至 6℃ 条件下存活率为 49.5%，比普通苗种高 22.5%。"东海 1 号"的大黄鱼人工繁育及养殖主要技术如下。

一、亲鱼的选择与培育

1. 亲鱼选择

从大黄鱼"东海 1 号"经过 2 ~ 3 次选择的养殖群体中挑选，要求体质健壮、无病、无伤、无畸形，体形细长、体色黄、头部大、尾柄细。选择后的亲鱼，采用活水船并在风浪不大时运输，运输密度为每立方米水体 40 kg 左右。亦可使用水桶、帆布箱或塑料薄膜袋充氧运输，运输密度为每立方米水体 20 kg 以下，运输时间应控制在 10 h 之内。

2. 亲鱼培育

海区网箱培育培育的网箱一般规格为（3 ~ 6）m ×（3 ~ 6）m ×（3 ~ 6）m，27 ~ 216 m³ 水体；网目长度为 15 ~ 30 mm。培育管理随季节略有差异，秋季培育亲鱼，水温 25℃ 以下，每天投喂两次，日投饵率为 5% ~ 8%。春季培育亲鱼，水温 14℃ 以下，每 1 ~ 2 天投喂一次，投饵率小于 1%；水温 14℃ 以上，每天投喂一次，投饵率为 2% ~ 4%。室内强化培育和升温促熟进室强化培育的亲鱼要进行再选择。一般进室繁殖用雄鱼的年龄在 2 龄以上，体重在 400 g / 尾以上，轻按腹部有白色精液溢出。繁殖用雌鱼的年龄在 2 龄以上，体重在 800 g / 尾以上，外观腹部隆起，卵巢发育已达 Ⅱ ~ Ⅲ 期。

雌、雄亲鱼配比以 3 :（1 ~ 1.5）为宜。亲鱼数量应保持在 50 组以上。

培育池为方形或圆形。培育池应设在安静、保温性能好的室内；每口培育池面积以 40 m² 为宜；平均水深保持在 1.5 m 以上。

培育池的环境条件，水质应符合 NY 5052-2001 的规定；光照度控制在 500 ~ 1 000 lx；水温控制在 15 ~ 25℃，以 20 ~ 22℃ 为宜；盐度控制在 17 ~ 32，以 23 ~ 30 为宜。

亲鱼移入室内强化培育，饲养密度为 2 ~ 3 kg/m³，培育初始水温 11.3℃，盐度 26.2，光照 300 ~ 500 lx，日升温 1℃，至 20℃ 后保持恒温。亲鱼入池 3 天后开始投饵，使用的饲料一般有鲜活鱼、贝肉、沙蚕和配合饲料，投喂量为体重的 5% ~ 8%，每天 1 ~ 2 次，早上或傍晚投喂，日吸污一次，2 天换水一次，每次换水量 50%，每池各有 4 个气石保持连续充气。

二、人工繁殖

1. 人工催产

（1）催产前亲鱼选择

催产前除了外部观察，一定要手按腹部观察是否前后都有柔软感。此外还需挖卵观察，挖出的卵粒呈透明球状，大小均匀，易分离，皆为成熟；卵子不透明，难分离或卵粒扁塌放入水中有油滴，则为未熟或过熟之亲鱼。据此再来确定催产剂剂量。

（2）亲鱼催产

将催产亲鱼放入 20 ~ 50 mg/L 的丁香酚溶液中，待亲鱼麻醉侧卧时，认真检查判断雌雄及成熟情况。适于催产的亲鱼，分别注射催产剂。可用 LRH-A1、B1、A2、HCG 和 DOM 等作为催产激素，单用或混合使用均可。催产剂型、剂量和注射次数，视亲鱼性腺成熟度而定，雄鱼剂量减半。催产剂用 0.9% 生理盐水配制。注射部位一般为胸鳍基部无鳞处。经注射后的亲鱼，放入产卵池让其自然产卵。

2. 孵化

（1）受精卵的收集

采用筛绢网收集法。待产卵结束后，用 80 目筛绢网捞取卵子。然后将收集的受精卵，滤去亲鱼的粪便和杂物，于容器中静置数分钟，虹吸出底部沉卵和污物，收集浮卵经冲洗干净后，放入孵化池中孵化。

（2）孵化管理

采用育苗池直接孵化法，受精卵的孵化密度为 1 万 ~ 3 万粒 /m³。每 1.5 m² 池底布设一个散气石，连续微充气，定时换水。孵化期间要防止阳光直射，定时停气吸去沉底的坏卵与污物，观察胚胎发育情况。

三、苗种培育

1. 鱼苗培育

放养密度：仔鱼期放养密度为 0.8 万 ~ 2.4 万尾 /m³，稚鱼期放养密度为 0.3 万 ~ 0.6 万尾 /m³，幼鱼期放养密度为 0.1 万 ~ 0.2 万尾 /m³。

饵料及投喂：褶皱臂尾轮虫投喂前经 6 h 以上 20×10^6 个 /mL 小球藻液强化培养。

卤虫无节幼体、桡足类及其无节幼体，投喂时间为 12 ～ 16 日龄，水中密度为 0.5 ～ 1 个 /mL。投喂前应予以消毒。

当鱼苗生长至 1.5 ～ 2.0 cm，要投喂自制的鱼粉微粒和鱼糜，但此时鱼苗有活动于培育池底部的习性，所以在投喂轮虫和丰年虫阶段提前进行摄食鱼粉微粒和鱼糜的驯化。在开始投喂人工自制的饵料时，采用活饵料引诱。具体做法是先投些活饵料，然后马上投喂人工自制的饵料，待鱼苗能习惯游于水面摄食人工自制的饵料后，即可停止投喂活饵料，并可考虑下海在网箱中培育。

鱼糜日投喂量：20 ～ 30 日龄，50 ～ 80 g/ 万尾；30 ～ 45 日龄，100 ～ 120 g/ 万尾；35 日龄以上投喂在肉糜中拌入适量粉状配合饲料制作的鱼粉和鱼糜。

2. 日常管理

应连续充气，使水中溶解氧保持在 5 mg/L 以上，每天换水 1 ～ 2 次，日换水量 20% ～ 120%，并在换水之前用虹吸管吸去池底的残饵、死苗、粪渣及其他杂物。经常观察仔、稚鱼的摄食情况，监测理化因子变化情况，发现问题及时处理。培育池的水质应符合 NY 5052-2001 的规定，并经多级过滤入池；水温控制在 18 ～ 26℃；盐度控制在 23 ～ 30；要有充足的漫射光，避免直射光，光照强度为 1 000 ～ 4 000 lx。

3. 中间培育

鱼苗在室内水泥池中培育至全长 20 mm 以上时，可移到海区网箱中继续进行鱼种培育，直至全长达 30 mm 为止。出苗的质量要求为，大小规格整齐，集群游泳，行动活泼，在容器中轻微搅动水体，90% 以上的鱼苗有逆水能力。畸形率小于 3%，伤病率小于 1%。95% 以上的鱼苗全长达到 3.0 cm。

四、鱼种培育

1. 培育海区的选择

应选在内湾可防大风浪的海区，水深 6 m 以上，潮流平直而稳定，经挡流等措施后网箱内水流流速在 0.2 m/ 秒以下。培育海区无直接的工业"三废"及农业、生活、医疗废弃物等污染源。水质应符合 NY 5052-2001 海水养殖用水水质要求；水温常年保持在 8 ～ 30℃，早春放养鱼苗水温应在 14℃以上为宜；盐度为 13 ～ 32；透明度为 0.2 ～ 3.0 m，最适宜为 1.0 m。

2. 网衣的规格

网箱的网衣为无结节网片。放养全长 25 ～ 30 mm 鱼苗，网目长为 3 ～ 4 mm；放养全长 40 ～ 50 mm 鱼苗，网目长为 4 ～ 5 mm；放养全长 50 mm 以上鱼苗，网目长为 5 ～ 10 mm。

3. 鱼苗放养

投放鱼苗选择在小潮汛期间，以低平潮流时为宜，低温季节选择在晴天且无风的午后，高温季节宜选择天气阴凉的早晚进行。全长为 25 mm 的鱼苗，放养密度为 1 500 尾 / m³ 水体左右，随着鱼体的长大，密度逐渐降低。

4. 饲料系列及饲喂

刚放入网箱的鱼苗，可投喂适口的配合饲料、鱼贝肉糜、糠虾、大型冷冻桡足类等。养至每尾体重达 25 g 以上的鱼种，可直接投喂经切碎的鱼肉块，但应积极发展人工配合饲料。

采用少量多次、缓慢投喂的方法，刚放入网箱时每天投喂 8 ～ 10 次，后可逐渐减少至 2 次，早晨和傍晚投喂。全长 30 mm 以下的鱼苗，当水温升至 20℃以上时，日投饵率为 100% 左右，随着鱼体的长大，逐渐降低投饵率。

5. 日常管理

在高温季节，网目长 3 mm 的网箱，隔 3 ～ 5 天冲洗一次；网目长 4 mm 的网箱，隔 5 ～ 8 天冲洗一次；网目长 5 mm 的网箱，隔 8 ～ 12 天冲洗一次。网目长 10 mm 以上的网箱，根据水温的变化情况，一般 15 ～ 30 天冲洗一次。同时对苗种进行筛选分箱及鱼体消毒。

每天定时观测水温、盐度、透明度和水流等理化因子以及苗种集群、摄食、病害与死亡情况，发现问题及时处理并详细记录。

越冬期间前期对鱼种进行拼箱和分箱操作及强化饲养，做好网箱的安全防患与防病工作。中期当水温下降至 15 ～ 10℃时，每 1 ～ 2 天投喂 1 次，投饵率以 1% 为宜，傍晚投喂。同时做好日常管理，尽量避免移箱操作；当水温下降至 8℃以下时，应采取防护措施。后期每天投喂一次，投饵率应缓慢逐日增加，尽量避免移箱操作。

6. 鱼种质量要求

鱼种大小规格整齐，体形匀称，全体被鳞，鳍条完整，体表光滑有黏液，色泽正常，游动活泼，正常移动无大量死亡。畸形率 <1%；损伤率 <1%。体长在 9.0 cm 以上，或体重在 50 g/ 尾以上。

第三节　大黄鱼"甬岱1号"

为满足高品质大黄鱼养殖优良品种的需求，推进大黄鱼养殖产业提质增效，宁波市海洋与渔业研究院联合宁波大学、象山港湾水产苗种有限公司等单位，从 2007 年开始，在舟山岱衢洋中街山渔场，采用传统小对网，采捕濒临绝迹的野生岱衢族大黄鱼，经保活、驯化和繁育，保存了岱衢族大黄鱼种质资源，并以此为基础群体，采用群体选育技术，2007—2017 年连续选育 5 代，每代进行 5 ~ 6 次选择。为减少近亲交配，在构建 F_4 继代选育群体时，应用 SSR 标记进行辅助选配种。选育技术路线见图 3-3（吴雄飞等，2021）。

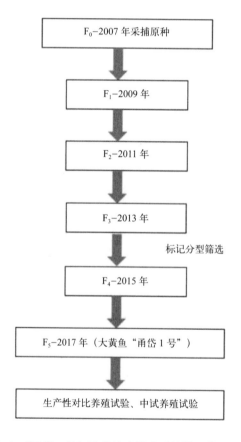

图 3-3 "甬岱 1 号"选育技术线路（吴雄飞等，2021）

以 2007 年采捕的 200 尾岱衢洋野生大黄鱼为基础群体，采用群体选育技术，每 2 年选育一代，连续 5 代。每代分别在当年 6 月、10 月，次年 5 月、10 月、12 月和催产繁殖时对留种养殖的继代选育群体进行 5 ～ 6 次选择，每次选择率 40% 左右，每代选择率 0.14% ～ 4%。选育目标性状为生长速度（体重）、体形等，具体选择标准为：①规格大；②体形细长匀称，体高 / 体长 ≤ 0.28，头背部弧线流畅无凹凸；③鱼体健康、无伤无病、体黄亮丽。为减少近亲交配，F_4 继代选育群构建应用 SSR 标记进行辅助选配种。经过中试后发现：在普通网箱养殖条件下，全长 6 cm 鱼苗，经 18 ～ 19 个月养殖，平均规格可达 450 ～ 578 g，养殖成活率为 28.6% ～ 70%，产品体形均匀细长，深受消费者欢迎，售价比相同方式养殖的普通大黄鱼售价高 35% ～ 138%。在抗风浪网箱和围网养殖条件下，200 g 左右的大规格鱼种，经 5 ～ 6 个月养殖，平均规格可达 450 g，养殖成活率为 85% ～ 97.5%，产品体形均匀细长，优品得率高，深受消费者欢迎，产品售价比普通网箱养殖的普通大黄鱼售价高 125% ～ 400%（吴雄飞等，2021）。

"甬岱 1 号"的特征特性：在相同养殖条件下，大黄鱼"甬岱 1 号"与未经选育的大黄鱼相比，21 月龄生长速度平均提高 16.36%；与普通养殖大黄鱼相比，体高 / 体长、体长 / 尾柄长、尾柄长 / 尾柄高等体形参数存在显著差异，体形显匀称细长（图 3-4）（吴雄飞等，2021）。

普通养殖大黄鱼

大黄鱼"甬岱 1 号"

图 3-4　相同养殖条件下，同月龄大黄鱼"甬岱 1 号"与普通大黄鱼（吴雄飞等，2021）

"甬岱 1 号"的产量表现：由于大黄鱼"甬岱 1 号"刚通过水产新品种审定，仅有中试数据，暂无推广后产量数据。

"甬岱 1 号"大黄鱼人工繁养主要技术如下。

一、亲本选择与培育

1. 亲本来源与选择

亲本来源于大黄鱼"甬岱 1 号"留种群体，留种群体每 1 世代进行 5 次选择后才能作为后备亲本。第一次筛选为 4 月龄，第二次筛选为 8 月龄，第三次筛选为 15 月龄，第四次筛选为 20 月龄，第五次筛选为 22 月龄。前四次筛选群体选留率为 50%，第五次筛选为后备亲鱼入室强化前筛选，选留雌雄比为 2 ：1，要求 2 龄雌鱼规格为 850 g 以上，2 龄雄鱼为 550 g 以上，且体质健壮、体形细长、体背厚实、色泽黄艳，无病无伤，活力好。

2. 亲鱼培育促熟

根据生产时间安排，确定亲鱼入室时间。入室水温根据海区自然水温进行调节，保持入室水温与海区水温温差不超过 2℃。人工催产前 40 天左右开始升温促熟，每天升 1℃，至 19 ~ 20℃后，稳定 10 余天，保持亲鱼摄食旺盛；然后再每天升 0.5 ~ 1℃，至 22℃时停止升温，保持恒定至催产。升温至 16℃以上时开始少量投饵，进行驯化。水温 18℃以上时正常投饵，饵料以鲜鱼块、贝肉、沙蚕为主，也可用自制软颗粒饲料，日投饵量为鱼体重的 3% ~ 5%，日投喂 2 ~ 4 次，以多餐为宜。亲鱼培育期间每日吸污 2 次，日换水量 60% ~ 100%，进水温差小于 1℃，保持池水温度恒定，盐度 20 ~ 30，溶解氧大于 5 mg/L，pH 值为 7.8 ~ 8.4。

二、人工繁殖

1. 催产

水温至 22℃后稳定 15 ~ 20 天，雌鱼腹部膨大且有弹性，雄鱼腹部饱满，轻压泄殖孔有精液流出即可进行亲鱼催产。亲鱼经丁香酚或 MS-222 麻醉后，从胸鳍基部注射激素。激素种类及剂量视水温与亲鱼性腺成熟度而定，用 LRH-A$_3$ 催产时，雌鱼剂量为 2 ~ 4 µg/kg，雄鱼剂量减半注射。亲鱼催产后 100% 换水并调节水温至

23℃，至受精卵收集，不再进行投喂，激素效应时间 30 ~ 36 h，注射后 24 h 添加 EDTA 至 5 mg/L。

2. 孵化

产卵结束后 4 ~ 8 h 停气 5 min，待受精卵上浮后用 100 目质地柔软的拖网初收；初收后的受精卵经除污洗卵后置于同温同质海水中进行二次浮选；将置后漂浮在上层的受精卵收集过秤，移入育苗池中孵化，操作过程要轻柔且保持温度稳定。孵化及育苗池选择面积 30 ~ 60 m^2、水深 1.5 ~ 2.0 m 水泥池为宜，布散气石 0.5 ~ 1 个 /m^2；水质应符合《无公害食品海水养殖用水水质》（NY 5052—2001）规定；孵化期水温 21 ~ 25℃，最适 23 ~ 24℃，盐度 23 ~ 30，pH 值为 7.8 ~ 8.4，保持溶解氧 5 mg/L 以上。受精卵孵化密度控制 6 万 ~ 9 万粒 /m^3。

三、苗种培育

1. 鱼苗室内培育

（1）密度管理

培育期水温、水质与孵化期保持一致。根据育苗生长及发育阶段，调整鱼苗培育密度：全长小于 10 mm 时，培育密度 5 万 ~ 6 万尾 /m^3，本阶段适度密养，提高饵料利用率；全长 10 ~ 20 mm 时，密度 3 万 ~ 4 万尾 /m^3；全长 20 ~ 30 mm，密度 2 万 ~ 3 万尾 /m^3。

（2）投饲管理

①受精卵孵化后，使用 80 目筛绢网进行换水 2 次，日换水量 20% ~ 40%。仔鱼孵化后第 5 ~ 10 d 投喂经营养强化后的褶皱臂尾轮虫，褶皱臂尾轮虫营养强化可用 20×10^6 个 /mL 小球藻或富含高不饱和脂肪酸（HUFA）专用强化剂强化 4 ~ 6 h。强化轮虫投喂密度保持 2 ~ 3 个 /mL，并保持小球藻细胞 5 万 ~ 10 万 /mL。

②孵化后 8 ~ 15 d 投喂卤虫无节幼体，起始投喂密度为 0.05 个 /mL 并逐步增加到 1 个 /mL，每 6 ~ 8 h 投喂 1 次，并根据鱼苗摄食消化情况调整投喂量和投喂频次。使用 60 目筛绢网进行换水 2 次，日换水量 40% ~ 60%。

③孵化后 12 d 至鱼苗出池投喂桡足类，起始投喂密度为 0.05 个 /mL 并逐步增加到 0.5 个 /mL，每 3 ~ 4 h 投喂 1 次，并根据鱼苗摄食消化情况调整投喂量和投喂频次。投喂桡足类的第一周使用 40 目筛绢网进行换水 2 次，日换水量 60% ~ 80%；

第二周使用 20 目筛绢网进行换水 2 次，日换水量 60% ~ 80%；第三周使用 10 目筛绢网进行换水 2 次，日换水量 80% ~ 120%。

④孵化后 17 d 开始投喂配合饲料，起始投喂量 1 颗 / 尾逐步增加到 5 颗 / 尾，每 6 ~ 7 h 投喂 1 次，根据鱼苗摄食消化情况调整投喂量和投喂频次，并根据鱼苗规格，调整配合饲料粒径至合适大小。前期日换水量 60% ~ 80%，后期日换水量 80% ~ 120%。

（3）育苗日常管理

育苗最适水温 23 ~ 24℃，微充气，水面水花直径约 30 cm，随鱼体增大逐渐扩大至 40 cm。4 d 后开始每天吸污 1 次，以保持水温恒定为主；投喂桡足类后每天吸污 2 次，及时清除池底残饵、粪便、死苗等；配合饲料投饲 4 d 后，进行乳酸菌拌喂，连续使用 7 d，改善肠道微生态；仔鱼开口 30 d 后，使用纳米曝气机增氧，提高育苗池溶解氧。换水时温差小于 2℃。每天观察鱼苗摄食情况，监测理化因子变化情况，发现问题及时处理。

（4）鱼苗下海

鱼苗在室内水泥池中培育至全长 25 ~ 30 mm 时，开始进行降温驯化，日降温 2 次，每次 0.5 ~ 1℃，经 4 ~ 5 d 降温后，达到自然海区温度 14℃左右，即可将鱼苗移到海区网箱中继续进行海区鱼种培育。

2. 鱼苗海区培育

（1）密度管理

鱼苗下海后，需根据鱼苗生长适时调整网箱网目规格与培育密度：全长 25 ~ 35 mm，选用 3 ~ 4 mm 孔径网目，培育密度控制在 1 500 尾 /m³；全长 35 ~ 45 mm，选用 4 ~ 5 mm 孔径网目，培育密度控制 1 200 尾 /m³；全长 45 ~ 55 mm，选用 5 ~ 10 mm 孔径网目，培育密度控制在 1 000 尾 /m³；全长 55 ~ 65 mm，选用 10 ~ 12 mm 孔径网目，培育密度控制在 800 尾 /m³。

（2）投饲管理

鱼苗下海后，初期以室内培育同质配合饲料为主，并根据鱼苗生长适量增加鲜杂鱼、贝类等肉糜。后根据情况调整：全长 25 ~ 35 mm，配合饲料日投饵 6 ~ 8 次，日投饵量为体重的 20% ~ 30%；全长 35 ~ 45 mm，配合饲料日投饵 4 ~ 6 次，日投饵量为体重的 12% ~ 20%，投喂肉糜料为体重的 50% ~ 80%；全长 45 ~ 55 mm，日投饵 2 ~ 4 次，日投饵量为体重的 6% ~ 12%，投喂肉糜料为体重的 30% ~ 50%；全长 55 ~ 65 mm，日投饵 2 次，日投饵量为体重的 4% ~ 6%，投喂肉糜料为体重的 15% ~ 30%。海区培育期间，需根据水温、鱼苗摄食等适时调整投喂量及饵料粒径。

（3）日常管理

每天定时观测水温、盐度、透明度与水流等理化因子，注意苗种集群、摄食、病害与死亡等情况，并详细记录，发现问题应及时采取措施。同步检查养殖设施的安全性，保持饲养环境安静。

第四章
大黄鱼功能性配合饲料

饲料作为大黄鱼养殖的重要投入品，占养殖成本至少一半。传统养殖大黄鱼主要使用桡足类、冰鲜杂鱼等天然饵料，并搭配使用配合饲料（胡兵，2015）。然而，天然饵料的来源、产量及质量不稳定，成本偏高，易携带病原微生物，带来质量安全、病害、水质污染等一系列问题，严重影响养殖大黄鱼的生长、存活和品质，因此应当大力研发、推广并使用高效、环境友好型的大黄鱼配合饲料弥补天然饵料的不足（刘招坤，2015）。目前的配合饲料还不能完全满足大黄鱼的营养需求，今后的配合饲料将朝着营养全面、成本节约、生态友好、提高存活和改善品质等方面进一步发展，逐步取代鲜杂鱼等天然饵料（柳海等，2020）。

功能性配合饲料的研发是饲料研究中最活跃的领域之一（艾春香，2017），是传统水产配合饲料的功能拓展，因其健康、高效、环保受到越来越多的关注，产生了良好的经济、社会和环境效益。现阶段大黄鱼的功能性配合饲料在抗病抗逆、高效环保、品质提升等方面已取得了不少的成果，研究主要在精准配方、原料筛选、功能性饲料添加剂、加工技术等方面，为推广和应用提供了坚实的技术支撑。

第一节　大黄鱼抗病抗逆功能性饲料开发

大黄鱼集约化养殖规模的扩大导致环境胁迫、病害等问题日益严重。大黄鱼养殖自育苗开始到养成阶段的病害频发造成巨大的经济损失，我国大黄鱼主要养殖产区福建、浙江、广东等省的各种病害就已经达到 20 种以上，如白鳃病、各类细菌病、内脏白点病等，并有加重趋势（陈艳等，2016）。环境胁迫则会导致大黄鱼的应激反应，应激指外界刺激导致大脑中枢将信息传至下丘脑，分泌促肾上腺皮质素释放因子，激发脑垂体分泌促肾上腺皮质激素，使鱼体处于充分的动员状态，其心率、血压、体温、肌肉紧张度、代谢水平等都发生显著变化，增强机体活动，消耗能量以应对紧急情况。大黄鱼肝胰脏作为重要的免疫器官，在抗应激过程中会造成肝细胞的氧化等一系列损伤。大黄鱼养殖中发生应激的主要原因为温度变化、台风和拖网等。每年 7 ~ 9 月的高温季节，大黄鱼易受到高温应激和病虫害的侵袭，常出现大规模死亡，给养殖户带来巨大损失。受到拖网应激的影响，养殖过程中的分苗、换网等操作也对大黄鱼造成了干扰与胁迫。另外，大黄鱼对台风、低温、温度突变等也会产生应激，并涉及越冬成活率等问题。因此，提高大黄鱼免疫抗病、抗应激能力以及防御鱼体因过度应激导致的氧化损伤，减轻代谢负担，能够极大地促进大黄鱼的健康生长。

抗生素、杀虫剂等化学药物的乱用与滥用会引发耐药性，并且对环境造成污染，导致养殖效率低等系列问题。因此，从营养角度寻求安全、高效、环保的抗逆抗病配合饲料对大黄鱼养殖产业有重要意义，能够遏制大黄鱼疾病暴发，提高机体抗氧化应激能力，维护养殖大黄鱼的健康，减少经济损失。

增强抗病抗逆能力的核心是提高大黄鱼的免疫力、抗应激以及抗氧化等防御功能，因此配合饲料的开发应围绕免疫应答和抗氧化应激等方面。本章节从基本营养调控、饲料添加剂和微生态制剂三条途径探讨抗病抗逆功能性配合饲料的开发。

一、营养学调控途径

营养素不仅是维持鱼类正常生长、发育和生殖所必需的基础，也是维护机体免疫系统、应对外界刺激、氧化等特殊生理作用的关键。营养学调控途径主要是通过提高大黄鱼机体免疫力和抗氧化能力来提高机体抗病和抗应激水平。常规营养素的不足或缺乏一定会对大黄鱼的免疫应激系统产生负面影响。因此，研制具有增强免疫、抗应激和氧化防御功能的饲料首先要注意基本营养要素的添加量应满足鱼体在免疫、应激和抗氧化上的需求。其次是同类营养素的配比适当。基本营养素的调控是维护大黄鱼免疫系统结构与功能完整的基础。下面整理了有关饲料中常见的营养素，如脂肪酸、蛋白质和氨基酸、维生素、类胡萝卜素、矿物质对大黄鱼免疫、应激、抗氧化功能的作用，为开发大黄鱼抗病抗逆功能性饲料奠定基础。

1. 脂肪酸

细胞的免疫系统调节离不开脂肪酸。研究表明，脂肪酸对于发挥大黄鱼免疫应激和抗氧化生理功能有促进作用，但需要注意其添加量和比例，脂肪酸比例失衡可能会对鱼体健康产生相反作用。饲料中添加低水平或适中水平的鱼类必需脂肪酸 n-3 HUFA（EPA、DHA 为主）对大黄鱼幼鱼生长、非特异性免疫、抗病力都有一定的改善作用，0.60% 或 0.98% n-3 HUFA 的添加量，且 DHA/EPA 在 2.17 ~ 3.04，大黄鱼具有最佳免疫力和生长性能（左然涛，2013）。鱼油摄入过高，超氧化物歧化酶活性降低，不利于抗氧化能力的改善（席峰等，2016），反之，棕榈酸 /（EPA+DHA）比值较高时，大黄鱼抗氧化能力不受影响（孟伟等，2021）。摄入过量 n-6 亚油酸严重影响海水鱼类的免疫性能，而 n-3 亚麻酸虽然不是大黄鱼必需脂肪酸，但在抗炎和抗氧化方面却具有与 n-3 HUFA 相似的特性，适当提高亚麻酸 / 亚油酸的比例能够显著影响大黄鱼生长、非特异性免疫、肝脏抗氧化能力以及炎性，但是比例过高或过低均会导致一定程度的负面效果（左然涛，2013）。添加共轭亚油酸（CLA）有显著的抗炎、抗氧化效果，CLA 水平与血清溶菌酶、免疫球蛋白 M（IgM）活性、血清补体 C3/C4 的活性、血清和组织中的超氧化物歧化酶（SOD）活性等免疫、抗氧化指标密切相关（左然涛，2013）。

从分子层面可以进一步解释脂肪酸对大黄鱼免疫应激的生理调控，比如对氧化应激及免疫相关基因表达的调控（表 4-1）。

表 4-1　脂肪酸对大黄鱼免疫应激、抗氧化等有关基因的调控作用

脂肪酸	初始体重 /（g）	来源	试验时长 /（d）	养殖模式	最适添加量	调控免疫相关基因	改善指标
n-3 HUFA（左然涛，2013）	9.79 ± 0.60	DHA 和 EPA	58	海水浮式网箱（60 尾 / 箱）	DHA + EPA = 0.60% 和 0.98%，DHA/EPA = 2.17 ~ 3.04	肝脏 TLR22 和 MyD88	非特异性免疫、抗病力
共轭亚油酸（左然涛，2013）	7.56 ± 0.60	CLA	70	海水浮式网箱	0.42%	肝脏和肾脏环氧化酶 -2 和白细胞介素 β，肾脏肉碱脂酰转移酶 I 和乙酰辅酶 A 氧化酶，肝脏 PPARα	非特异性免疫、抗氧化能力及抗炎效果
亚麻酸（左然涛，2013）	9.56 ± 0.60	亚麻油	70	海水浮式网箱	亚麻酸 / 亚油酸 = 0.45 或 0.90	肝脏、肾脏和肌肉环氧化酶 -2、白细胞介素 1β、肿瘤坏死因子 α、PPARα、肉碱脂酰转移酶、脂酰 CoA 氧化酶	非特异性免疫、肝脏抗氧化能力、炎性相关基因表达
n-3 HUFA（孟伟等，2021）	30.51 ± 0.16	EPA 富含油、DHA 富含油	70	海水浮式网箱	棕榈酸 /（EPA + DHA）=5 : 1	肌肉超氧化物歧化酶 2、过氧化氢酶、核因子 E2 相关因子	氧化应激和抗氧化能力

综上分析，合理补充 n-3 HUFA 和 CLA 对免疫和抗氧化等指标有显著效果，通过调控相关基因的表达情况，提高大黄鱼的抗病抗应激能力，增强机体对外界刺激、氧化、病害等系统应对有利于提高大黄鱼的健康水平。

2. 氨基酸和蛋白质

蛋白质具有增强机体免疫防御的功能，饲料蛋白含量不足会导致大黄鱼的免疫力降低。鱼类的非特异性免疫与必需氨基酸，如赖氨酸、精氨酸、蛋氨酸、异亮氨酸和缬氨酸等的平衡密切相关。已开发的提高大黄鱼免疫力的复合功能添加剂中，除了植物粉、果蔬发酵液和海鱼提取物以外，功能性营养成分主要包括赖氨酸、亚麻酸、胆汁酸、甘露寡糖和双乙酸钠等。其中赖氨酸具有提高免疫力、保护肝肠以及提高饲料适口性等功效。此外，补充甘氨酸也对大黄鱼免疫功能有利。甘氨酸虽然不是必需氨基酸，但是机体内抗氧化系统中的内源性抗氧化剂（还原型谷胱甘肽）的组成氨基酸，共同参与体内自由基的代谢调节，维持细胞的能量生成，降低氧化损伤。饲料中甘氨酸的含量可以在一定范围内自由变动，实验表明，初始体重为（130.35 ± 8.37）g 的大黄鱼 30 d 养殖后进行拖网应激实验，综合考虑大黄鱼的抗氧化和抗应激能力（表 4-2），推荐大黄鱼饲料中甘氨酸的适宜含量为 2.75% ~ 3.57%，该条件下鱼血清皮质醇变化幅度较小，趋于稳态（潘孝毅等，2017）。其中，血清中的皮质醇含量和血糖含量是评价鱼类抗应激能力的重要指标，当鱼类受到应激源的刺激，下丘脑—垂体—肾间组织轴活动的加强致使糖皮质激素分泌剧增，应激反应破坏机体的稳定状态（Fanouraki et al., 2011）。

表 4-2 甘氨酸含量对大黄鱼肝脏抗氧化反应和拖网应激反应的影响
（潘孝毅等，2017）

甘氨酸	总抗氧化力	超氧化物歧化酶	过氧化氢酶	丙二醛	谷胱甘肽过氧化物酶	拖网应激前后血糖的比较值	拖网应激前后皮质醇的比较值
Diet 1（1.58%）	0.34 ± 0.01[bc]	211.64 ± 12.05[ab]	13.09 ± 1.18[a]	3.39 ± 0.14[cd]	6.59 ± 0.47	0.001	0.001
Diet 2（2.15%）	0.40 ± 0.01[bc]	262.69 ± 9.57[c]	16.28 ± 1.33[ab]	2.70 ± 0.19[bc]	7.19 ± 0.72	0.005	0.003
Diet 3（2.75%）	0.43 ± 0.04[c]	291.12 ± 12.50[c]	26.71 ± 1.69[c]	2.02 ± 0.07[ab]	8.16 ± 0.79	0.186	0.341

续表

甘氨酸	总抗氧化力	超氧化物歧化酶	过氧化氢酶	丙二醛	谷胱甘肽过氧化物酶	拖网应激前后血糖的比较值	拖网应激前后皮质醇的比较值
Diet 4 （3.96%）	0.40 ± 0.02bc	258.84 ± 9.64bc	22.23 ± 1.52bc	1.43 ± 0.14a	8.96 ± 0.53	0.109	0.028
Diet 5 （6.33%）	0.30 ± 0.03b	201.64 ± 10.54a	17.70 ± 1.10ab	3.24 ± 0.05cd	8.36 ± 0.41	0.005	0.002
Diet 6 （7.51%）	0.18 ± 0.01a	189.40 ± 7.52a	15.30 ± 1.09a	3.68 ± 0.21d	7.56 ± 0.73	0.001	0.000

注：同列数据具有相同上标字母的平均值之间差异不显著（T 检验，$P>0.05$）。

使用二次曲线回归分析，以饲料甘氨酸含量为横坐标、大黄鱼的肝脏总抗氧化水平为纵坐标，得：$y = -0.015\,7\,x^2 + 0.112\,2\,x + 0.219$，$R^2 = 0.971\,8$。以抗氧化能力为评价指标，大黄鱼饲料中甘氨酸的适宜含量不超过 3.57%（图 4-1）。

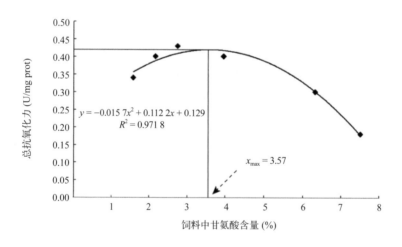

图 4-1　饲料中甘氨酸含量与肝脏总抗氧化力水平的关系（潘孝毅等，2017）

除了氨基酸组成之外，蛋白原的选择也对大黄鱼免疫系统有所影响。表 4-3 总结了能够提高大黄鱼抗氧化能力的鱼粉替代蛋白原及其适宜添加量。发酵豆粕、脱脂黑水虻虫粉是鱼粉的最佳替代源，而酶解豆粕替代 40% 鱼粉和去皮豆粕替代

20% 鱼粉分别导致大黄鱼对哈维氏弧菌、溶藻弧菌的抵抗能力有所下降（吴钊等，2016）。不过，脱脂黑水虻虫粉替代鱼粉除表中所列出的抗氧化优势外，确有导致过氧化氢酶活性下降的趋势，特别是替代超过 40% 时该酶活性下降显著（韩星星等，2020）。

表 4-3　提高大黄鱼抗氧化能力的蛋白原选择

蛋白原	初始体重（g）	试验时长（d）	所改善抗氧化指标	适宜添加量
发酵豆粕Ⅱ（吴钊等，2016）	34.72 ± 0.28	49	提高血清超氧化物歧化酶、过氧化氢酶活性，降低血清丙二醛	20%
脱脂黑水虻虫粉（韩星星等，2020）	50.08 ± 3.31	49	提高肝脏总抗氧化能力、超氧化物歧化酶活性，降低肝脏丙二醛	40%

综上，选择适宜蛋白原、添加必需氨基酸、甘氨酸具有提高抗氧化应激和抗病力的作用，应在功能性配合饲料开发中予以重点关注。推荐饲料中甘氨酸的使用量为 2.75% ~ 3.57%，对于大黄鱼抗氧化应激能力有所提高，并不影响存活和肝脏健康。采用新型蛋白原替代鱼粉，认为发酵豆粕Ⅱ替代 20% 鱼粉和脱脂黑水虻虫粉替代 40% 鱼粉均有利于大黄鱼的抗氧化及抗菌能力（吴钊等，2016；韩星星等，2020）。

3. 维生素和虾青素

适当使用维生素可以增强大黄鱼的抗病能力，继而提高成活率并且促进其生长。维生素 A、维生素 D、维生素 C、维生素 B、维生素 E 和叶酸等均可改善大黄鱼免疫功能。高温季节，通过摄取 4 倍维生素 C（276 mg/kg）的方法能够帮助大黄鱼形成高血糖稳态，以此适应高温应激，并且该含量的维生素 C 同时具有良好的抗温差应激（表 4-4）、抗拖网应激（图 4-2）的效果（韦海明，2014）。再者，维生素 C 与甜菜碱 2 种抗应激免疫活性物质的共同作用还可以提高大黄鱼对台风、低温等的抗应激能力（涂振波等，2012）。

表 4-4　过量添加维生素 C 对大黄鱼抗自然高温应激、抗温差应激的影响
（韦海明，2014）

饲料	抗自然高温应激				抗温差应激能力			
	皮质醇（ng/mL）		血糖（mmol/L）		皮质醇（ng/mL）		血糖（mmol/L）	
	中期	末期	中期	末期	应激前	应激后	应激前	应激后
基础饲料对照	3.67 ± 2.85	1.22 ± 1.72[a]	3.85 ± 0.43[b]	4.01 ± 0.23[a]	1.22 ± 1.72[a]	7.30 ± 0.41[a]	4.01 ± 0.23[a]	9.28 ± 1.74
4 倍维生素 C 276 mg/kg	3.99 ± 1.27	8.30 ± 0.30[b]	2.69 ± 0.40[ab]	8.78 ± 2.31[b]	8.30 ± 0.30[b]	11.88 ± 0.81[b]	8.78 ± 2.31[b]	11.14 ± 1.90
8 倍维生素 C 552 mg/kg	5.34 ± 2.20	8.91 ± 0.11[b]	1.97 ± 0.71[a]	8.86 ± 1.12[b]	8.91 ± 0.11[b]	7.58 ± 2.10[a]	8.86 ± 1.12[b]	13.36 ± 2.16

注：同一数据行中具有不同上标的平均值之间 Tukey 多重比较差异显著（$P<0.05$）。

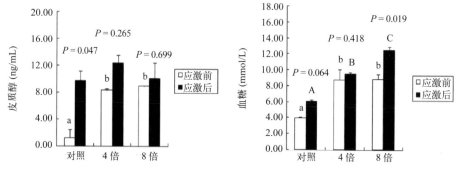

图 4-2　过量添加维生素 C 对大黄鱼拖网应激的影响（平均值 ± 标准差）
（韦海明，2014）

注：Tukey 多重比较：不同小写字母上标表示应激前不同处理组间的差异显著（$P<0.05$），不同大写字母上标表示应激后不同处理组间差异显著（$P<0.05$）。T 检验：P 为同一个处理组在拖网应激前后的比较值。

　　然而，从大黄鱼肠组织切片观察中发现饲料中添加过量维生素 C 会造成营养过剩，导致肠组织性病变。但是，在大黄鱼养殖的某些阶段，比如高温季节、拖网频繁的阶段等，在饲料中添加过量维生素 C 可以作为提高大黄鱼抗应激能力的手段，其利大于所造成的肠病变副作用。因此对于大黄鱼养殖过程中存在的高应激生长阶段，可以通过在饲料中过量添加维生素 C 提高大黄鱼的抗应激能力。

　　此外，以（70.24 ± 0.20）g 的大黄鱼为研究对象，同时补充维生素 E 和虾青素，饲养 9 周后肝脏抗氧化力有明显提高（易新文，2015）。大黄鱼肝脏、肌肉、卵和

性腺组织总超氧化物歧化酶、谷胱甘肽过氧化物酶、总抗氧化能力等指标也随虾青素水平升高，50 mg/kg 及以上虾青素的添加能够提高大黄鱼的抗氧化能力和免疫力（席峰等，2016）。

综上可知，高含量维生素 C、维生素 E 与虾青素的添加能够显著提高大黄鱼应对外界刺激的能力，帮助机体维持稳态，免受氧化损伤，并可提高其免疫力。

4. 矿物质

除了铁、锌、铬等对水产动物的免疫功能有促进作用的矿物质以外，大黄鱼还必须从饲料中获取硒、铜、钙等来维持鱼体的抗氧化功能。

以 Na_2SeO_3 为大黄鱼饲料硒源，大黄鱼幼鱼对饲料中硒生长最适需要量为 0.178 mg/kg，普通抗氧化功能维持的最小需求量为 0.440 mg/kg。在海水浮式网箱中养殖初始体重为（9.14 ± 0.09）g 的大黄鱼幼鱼 10 周，肝脏、血清中谷胱甘肽过氧化物酶活性、超氧化物歧化酶活性和总抗氧化力随着饲料硒含量的升高呈现先升高后稳定的趋势（$P<0.05$），并分别在饲料硒含量为 0.44 mg/kg、0.44 mg/kg、0.16 mg/kg 时达到最大值（曹娟娟等，2015）。然而肝脏中谷胱甘肽硫转移酶活性却要在饲料硒含量 0.96 mg/kg 时才达到最高值，高于其生长最低需求量（曹娟娟等，2015）。

以 $CuSO_4 \cdot 5H_2O$ 为饲料铜源，在铜含量为 7.16 mg/kg 时，血清 Cu-Zn 超氧化物歧化酶活性、总抗氧化力有最大值；铜含量为 4.65 mg/kg 时，肝脏中 Cu-Zn 超氧化物歧化酶活性、总抗氧化力最大（曹娟娟等，2014）。对肝脏中 Cu-Zn 超氧化物歧化酶活性活力做三次曲线回归分析，得出大黄鱼幼鱼对饲料中铜的最小需要量为 7.05 mg/kg（曹娟娟等，2014）。因而认为，7.05 mg/kg 铜含量的饲料可以增强大黄鱼抗氧化能力，但铜元素可能造成鱼肝脏过氧化物酶活性的降低。Meng 等（2016）也发现大黄鱼的增重、摄食量、肝脏超氧化物歧化酶、过氧化氢酶等活性在 25.78 mg/kg 高铜含量时最低，高铜摄入影响大黄鱼幼鱼正常生长、抗氧化、脂质合成和能量代谢等（表4-5）。另一组实验也表明，高铜饲料组大黄鱼的终体重、超氧化物歧化酶、过氧化氢酶、谷胱甘肽过氧化物酶均低于低铜饲料组，且硫代巴比妥酸反应物反映的不饱和脂肪酸氧化程度较高（Yuan et al.，2016）。不过，大黄鱼幼鱼（4.05 ± 0.31）g 经 10 周的饲养试验表明，适当添加钙元素能够缓解高铜对机体造成的损伤（来杭等，2016）。另外，高浓度锌可通过提高谷胱甘肽过氧化物酶活性缓解高铜对大黄鱼的毒性（Yuan et al.，2016）。

表 4-5　不同饲料铜浓度对大黄鱼幼鱼抗氧化酶活性和脂质过氧化的影响

（Meng et al., 2016）

	低 Cu 含量	中等 Cu 含量	高 Cu 含量
超氧化物歧化酶（U/mg prot）	108.11 ± 5.65[b]	103.44 ± 4.71[b]	90.61 ± 0.41[a]
过氧化氢酶（U/mg prot）	38.82 ± 0.29[b]	38.91 ± 0.35[b]	31.16 ± 0.88[a]
谷胱甘肽过氧化物酶（U/mg prot）	383.20 ± 2.01[b]	381.77 ± 8.88[b]	307.42 ± 5.58[a]
硫代巴比妥酸反应物（nmol/mg prot）	53.71 ± 1.93[a]	73.17 ± 1.78[b]	81.42 ± 0.80[c]

注：同一行中同一上标字母的均值无显著性差异（$P>0.05$）。

因此，硒、铜的补充量应高于最低生长需求量才能产生更强的抗氧化功能，但应注意铜的添加不能过量，应适当补充钙、锌元素来缓解铜过量添加的负作用。

综上，脂质、蛋白质、维生素、矿物质等营养素的合理搭配，能够提高大黄鱼的免疫抗逆能力，可为开发抗病抗逆功能饲料奠定基础。

二、具有抗病抗逆功能的饲料添加剂

免疫增强剂的挖掘是鱼类功能性饲料研究的热点。大黄鱼传统配合饲料中添加增强机体免疫、抗应激、抗氧化功能性的饲料添加剂，如中草药提取物、活性肽和蛋白水解物、核苷酸等以提高机体抗应激和非特异性免疫功能，但此类功能型饲料的使用必须密切关注时效性，并且长期使用可能产生的免疫疲劳等问题。因此，这类功能性饲料添加剂只有在合理的剂量和搭配条件下才能发挥作用，以保证大黄鱼的正常生长和健康。

1. 中草药来源的免疫增强剂

中草药对免疫的调节具有微量高效的特征。姜黄素源自姜科植物姜黄的地下根茎的活性成分，属于多酚类化合物，分子量低，兼具抗氧化、抗菌、抗炎症等多项生物学功能。通过 10 周的饲养试验，证明添加 0.04% 姜黄素可以减轻高脂饲料的负面影响，增加大黄鱼体内 PUFA，并提高抗氧化活性，降低体内丙二醛含量，提高超氧化物歧化酶、过氧化氢酶活性和总抗氧化能力；但脂肪酸氧化增加也随之增加，比如过氧化物酶体增殖物激活受体 α、肉碱棕榈酰转移酶 I 和酰基辅酶 A 氧化酶的表达也随着姜黄素的添加而增加（Ji et al., 2020）。溶藻弧菌攻毒试验表明，投喂姜黄素的大黄鱼的累计死亡率显著低于对照组，添加 300 mg/kg 姜黄素能有效提高大黄鱼的非特异性免疫力及抗病力，且长期投喂（45 d）效果更佳，该添加量的姜黄素对大黄鱼各组织中磷酸酶活力，血清中免疫细胞因子 GM-CSF、IL-2 及 TNF-α 的含量的影响效果较好（图 4-3）（俞军，2016）。

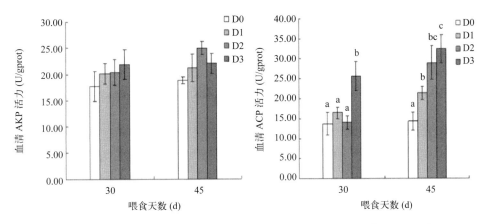

图 4-3　饲料中添加姜黄素对大黄鱼血清磷酸酶活力的影响（俞军，2016）

茶氨酸是茶叶中提取的特有非蛋白氨基酸，具有提高生长率、增强免疫力、改善肠道菌群等多种功效。肖媛（2019）的研究报道中，大黄鱼饲料中茶氨酸的添加浓度设置为 0%、0.5%、1%、1.5%、2%，喂养 60 d，与对照相比各添加组中免疫球蛋白、超氧化物歧化酶、溶菌酶、过氧化氢酶等的含量均显著提高，1% 添加组中各酶的活性最高，可有效提高大黄鱼的抗氧化能力（表 4-6）。茶氨酸的加入还能够明显加速红细胞、白细胞等多种血细胞的成熟速度。氨基酸指数在茶氨酸添加量为 1%、1.5%、2% 时均高于对照组。添加茶氨酸后鱼体多不饱和脂肪酸含量显著提高，2% 添加组达到 11.33%，为对照组的 1.2 倍，对维持大黄鱼的正常生理功能和提高免疫能力具有一定的作用。

表 4-6　不同浓度的茶氨酸对大黄鱼免疫及抗氧化指标的影响
（肖媛，2019）

试验饲料中茶氨酸含量（%）	免疫球蛋白（g/L）	超氧化物歧化酶（U/mL）	溶菌酶（U/mg prot）	过氧化氢酶（U/mL）
0	0.19 ± 0.005^{a}	151.21 ± 15.67^{a}	0.50 ± 0.057^{a}	0.77 ± 0.042^{a}
0.5	0.26 ± 0.006^{d}	215.06 ± 12.08^{c}	1.33 ± 0.101^{b}	2.14 ± 0.63^{b}
1	0.33 ± 0.003^{e}	237.98 ± 14.97^{d}	1.85 ± 0.069^{d}	2.52 ± 0.57^{b}

续表

试验饲料中茶氨酸含量（%）	免疫球蛋白（g/L）	超氧化物歧化酶（U/mL）	溶菌酶（U/mg prot）	过氧化氢酶（U/mL）
1.5	0.24 ± 0.001^c	210.36 ± 13.54^c	1.67 ± 0.083^c	2.44 ± 0.48^b
2	0.23 ± 0.003^b	168.06 ± 17.18^b	1.30 ± 0.113^b	1.08 ± 0.96^a

注：数据为 3 个重复平均值 ± 标准差，同列数据不同上标间 Tukey 多重比较差异显著（$P<0.05$）。

甘草酸是中药甘草的主要活性成分，可以调节免疫细胞活性。饲料中添加 0.04% 的甘草酸显著提高了大黄鱼头肾巨噬细胞的吞噬指数和血清溶菌酶活性（$P<0.05$）（徐后国，2010），对大黄鱼幼鱼非特异性免疫力具有促进作用（图 4-4）。

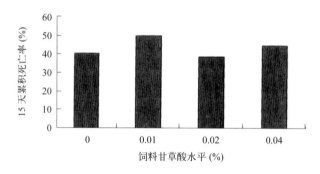

图 4-4　饲料中添加甘草酸 10 周对大黄鱼幼鱼抗感染能力的影响（徐后国，2010）

其他研究报道了能够显著提高大黄鱼非特异性免疫力和抗病原菌感染能力的中草药复方，列举如下。

从养殖患病大黄鱼的病原菌入手，于 3 批患病大黄鱼各脏器中分离筛选及鉴定出 11 株病原菌，包括海鱼弧菌、副溶血弧菌、舒伯特气单胞菌、维氏气单胞菌、霍利斯弧菌、河流弧菌、溶藻弧菌、摩根根氏菌和假产碱假单胞菌。进行人工回归感染试验，表明 11 株菌中有 5 株（维氏气单胞菌、河流弧菌、溶藻弧菌、创伤弧菌、假产碱假单胞菌）具强毒力，LD_{50} 分别为 1.08×10^3 CFU/g、8.52×10^2 CFU/g、3.06×10^2 CFU/g、4.92×10^3 CFU/g、3.13×10^5 CFU/g。构建人工感染 5 株致病菌的鱼疾病研究模型，筛选出 10 味对致病菌体外抑菌效果较好，平均抑菌浓度范围为 0.11 ~ 7.20 mg/mL。在单方中药添加剂研究基础上，比较饲料中添加不同浓度 4 味中药复方提取物对非特异免疫指标及广谱抗菌能力的影响，比如血清中溶菌酶、总超氧化物歧化酶、过氧化氢酶、碱性磷酸酶等含量（图 4-5）。在饲料中长期低剂量添加中药复方的适宜剂量为 2.5% ~ 5%，可同时预防 5 株致病菌诱发的鱼类细菌性疾病，对维氏气单胞菌、溶藻弧菌、河流弧菌、创伤弧菌、假产碱假单胞菌免疫保护率分别为 75%、100%、100%、100%、66.7%（张坤，2016）。

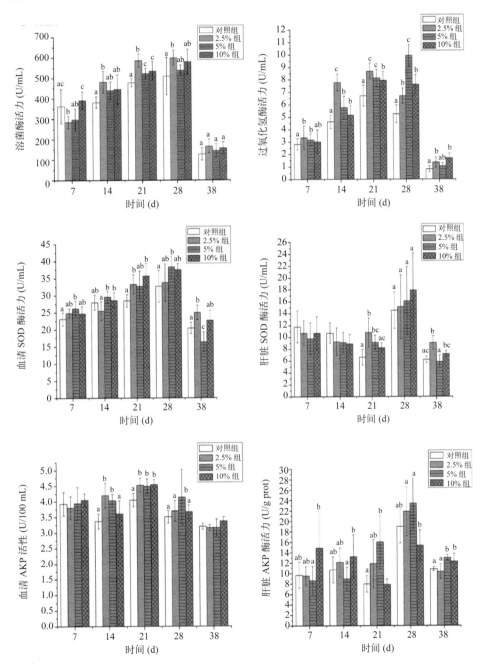

图 4-5　中药复方对鱼体血清溶菌酶活力、血清过氧化氢酶活力、血清及肝脏超氧化物歧化酶、血清及肝脏碱性磷酸酶活力的影响（张坤，2016）

另有实验表明，几丁质、酵母硒和褐藻酸组成的复方免疫增强剂显著提高大黄鱼的血清杀菌活力、溶菌酶活力、酸性磷酸酶活力及超氧化物歧化酶活力（$P<0.05$）。病原性副溶血弧菌攻毒累计死亡率降低 50%，提高大黄鱼的抗病能力（图 4-6）（李海平，2012）。

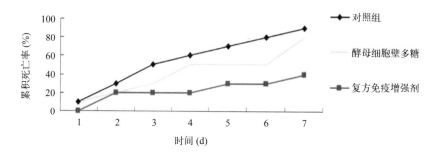

图 4-6　大黄鱼感染副溶血弧菌添加母酵细胞壁与复方免疫增强剂的攻毒试验（李海平，2012）

黄芪多糖、当归多糖和云之多糖组成的复方中草药，能够显著提高大黄鱼的血清杀菌活力、溶菌酶活力、酸性磷酸酶活力及超氧化物歧化酶活力（$P<0.05$）。攻毒试验死亡率显著降低（图 4-7）（李海平，2012）。苦参碱也被证明有类似功效，但具体添加量有待研究。

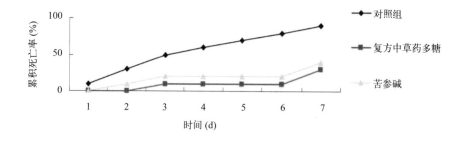

图 4-7　大黄鱼感染副溶血弧菌添加复方中草药多糖与苦参碱的攻毒试验（李海平，2012）

以上研究表明，姜黄素、茶氨酸、甘草酸、几丁质、酵母硒、褐藻酸、黄芪多糖、当归多糖、云之多糖、苦参碱等中草药成分对大黄鱼免疫抗病抗氧化具有显著功能，联合添加抗病效果更佳，可以减少大黄鱼疾病发生和发病死亡率。

2. 活性肽和蛋白水解物

抗菌肽是生物体先天防御系统中的一类小分子活性多肽。通过对大黄鱼组织蛋白酶抑制素（cathelicidin）抗菌肽 *LEAP-2* 基因的真核表达体系的构建，现认为大黄鱼抗菌肽 *LEAP-2* 能够提高侵染致病菌大黄鱼的存活率。此外，适宜添加肽聚糖可提高大黄鱼非特异性免疫力。在初始体重（30.8±1.33）g 的大黄鱼饲料中添加肽聚糖进行 8 周摄食实验（张春晓等，2008），饲料中添加 100 mg/kg 和 500 mg/kg 肽聚糖时大黄鱼血液白细胞吞噬活力和血清溶菌酶活力显著提高（$P<0.05$），血清替代补体途径活力则随着饲料中肽聚糖添加水平的增加也显著提高（$P<0.05$），并且哈维氏弧菌攻毒累积死亡率显著低于对照组（图 4-8）。

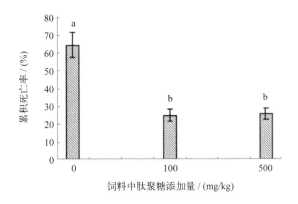

图 4-8　饲料中肽聚糖对攻毒大黄鱼累积死亡率的影响
注：柱形图表示的数据为平均数及 3 个重复的标准误差。其上方不同的标注表示差异显著
（$P<0.05$）（张春晓等，2008）

10%～15% 鱼蛋白水解物的添加对大黄鱼免疫及抗氧化性能的改善体现在对血清溶菌酶、补体 C3/C4、IgM 的含量和肝脏 SOD 活性的影响上。网箱饲养 1 200 只初始体重（162.75±23.85）g 的大黄鱼，研究得出 10%～15% 特别是 10% 的剂量可以有效提高大黄鱼的免疫参数（Tang et al., 2008）。

综上，饲料中添加抗菌肽、肽聚糖、鱼蛋白水解物等均可调节鱼体免疫功能，提高大黄鱼抗病和非特异性免疫力。

3. 核苷酸

核苷酸的添加对大黄鱼免疫和抗氧化均起到促进作用。海水浮式网箱养殖初始体重为 7.71±0.02 g 的大黄鱼饲料中添加核苷酸 300 mg/kg，63 d 后其血清中超氧化物歧化酶和总抗氧化力的活力显著高于对照组（苗新，2014；苗新等，2014）。腺苷酸、鸟苷酸、肌苷酸和核苷酸混合物对大黄鱼的非特异性免疫能力的改善也起到一定的作用（表4-7），还能显著提高溶菌酶的活性（$P<0.05$）（吴文俊等，2014）。另外，添加肌苷酸二钠盐（5′-肌苷一磷酸二钠）使饲料含肌苷酸0.10%和0.20%时，大黄鱼血清溶菌酶活性和超氧化物歧化酶活性显著提高（吴文俊等，2013）。

表4-7　饲料中添加核苷酸对大黄鱼血清超氧化物歧化酶和总抗氧化力的影响
（苗新等，2014）

核苷酸含量 （mg/kg）	血清超氧化物歧化酶 （U/mL）	血清总抗氧化力 （U/mL）
187.5	109.11 ± 1.79[b]	7.71 ± 0.75[ab]
375	101.30 ± 2.16[ab]	7.41 ± 0.74[ab]
750	121.03 ± 1.71[c]	10.06 ± 0.96[b]
1 500	107.54 ± 2.39[b]	6.80 ± 0.29[ab]
2 500	108.71 ± 2.94[b]	6.76 ± 0.47[ab]

注：数据为3个重复平均值 ± 标准差，同列数据不同上标间Tukey多重比较差异显著（$P<0.05$）。

因此认为，核苷酸混合物特别是肌苷酸、腺苷酸、鸟苷酸等，有利于大黄鱼发挥免疫功能，保护大黄鱼机体免受氧化损伤。

综上所述，特殊中草药成分、活性肽和蛋白水解物、核苷酸等营养物质均可作为有效的抗病抗逆功能性饲料添加剂，保护大黄鱼的健康生长。

三、微生态制剂的应用

微生态制剂包括益生菌和益生元，其主要的作用机理是调整大黄鱼肠道微生态平衡与肠道生物的拮抗关系，也可作为微生物屏障，保护大黄鱼肠道健康，增强机体免疫力，消耗体内有害物质并且促进营养物质的合成。

1. 益生菌

益生菌的活菌制剂可在动物消化道内竞争性抑制有害菌，形成优势菌群，优化肠道菌落结构，同时增强非特异性免疫功能。益生菌的选用应是可工业化、规模化生产的活菌制品，能长期保持稳定和存活，能在动物肠道中存活和定植，抑制病原菌的繁殖，对宿主动物能提供有益作用，且无毒、无害。表4-8罗列了对大黄鱼免疫抗病功能有利的益生菌制剂，适宜的添加量能够提高大黄鱼抗病存活率。其中，用含植物乳杆菌 Saccharomyces cerevisiae P13 的饲料喂养大黄鱼4周，鱼肠中乳杆菌数量显著增加，含 10^6 CFU/kg 和 10^{10} CFU/kg 的配方饲料组，大黄鱼对链球菌的抗病力明显增强（廖志勇等，2013）。另外，在海水浮式网箱（水温 22.5 ~ 31.5℃；盐度 28 ~ 33；溶氧 6 mg/L）中进行 70 d 摄食生长实验，饲料中添加 1.0×10^7 个 / g 枯草芽孢杆菌显著提高了实验鱼血清超氧化物歧化酶水平（$P<0.05$），并且显著降低哈维氏菌（Vibrio harveyi）感染 7 d 后的累积死亡率（$P<0.05$）。添加 0.5×10^7 个 / g 和 1.0×10^7 个 / g 的枯草芽孢杆菌显著提高鱼血清溶菌酶水平（$P<0.05$）。因此，饲料中添加枯草芽孢杆菌（0.5×10^7 ~ 1.0×10^7 个 / g）能够显著提高大黄鱼幼鱼的非特异性免疫力及抵御病原菌侵染的能力（徐后国，2010）。

表4-8 饲料中添加益生菌对大黄鱼抗病免疫能力的影响

益生菌	饲料添加制备	大黄鱼初始体重（g）	喂养时间（d）	适宜添加量（CFU/kg）	抗病	非特异性免疫指标
植物乳杆菌 Saccharomyces cerevisiae P13（廖志勇等，2013）	1：4比例与脱脂牛奶	7.82 ± 0.68	28	10^6、10^{10}	链球菌	—
枯草芽孢杆菌 B.subtilis（徐后国，2010）	混合芽孢杆菌制剂	幼鱼	70	1.0×10^{10}	哈维氏菌	血清超氧化物歧化酶↑血清溶菌酶↑

此外，在 15 日龄大黄鱼稚鱼［初始体重为（2.75 ± 0.31）mg］基础饲料中分别添加不同梯度的复合益生菌（枯草芽孢杆菌、乳酸菌及节杆菌等）和酵母细胞壁多糖，进行 30 d 摄食生长实验，抗高温胁迫实验发现饲料中添加益生菌显著提高了大黄鱼稚鱼的抗胁迫能力（$P<0.05$），添加 0.20% 益生菌，稚鱼肠段碱性磷酸酶活力显著高于对照（$P<0.05$）。在基础饲料中添加梯度含量的酵母细胞壁多糖（主要有效成分为 β - 葡聚糖和甘露寡糖），能够延长 32℃高温度胁迫下大黄鱼稚鱼的半致死时间（$P<0.05$），且复合益生菌和酵母细胞壁多糖间存在交互作用（表4-9）（高进，2010）。

表4-9 复合益生菌和/或酵母酵母细胞壁多糖对大黄鱼存活及抗胁迫能力的影响

（高进，2010）

处理	0.00%	0.20%复合益生菌	0.25%酵母细胞壁多糖	0.20%复合益生菌+0.25%酵母细胞壁多糖	0.20%复合益生菌×0.25%酵母细胞壁多糖
存活率（%）	25.20 ± 0.74^a	28.30 ± 1.15^b	28.61 ± 1.77^b	28.24 ± 0.64^b	0.032
半致死时间（min）	15.37 ± 1.80^a	28.21 ± 2.43^b	23.12 ± 2.37^b	27.76 ± 2.88^b	0.029

注：数据为3个重复平均值 ± 标准差，同行数据不同上标间 Tukey 多重比较差异显著（$P<0.05$）。

综合而言，饲料中添加芽孢杆菌、乳酸菌、乳杆菌及节杆菌等益生菌有利于大黄鱼的抗病存活和非特异性免疫，复合益生菌与多糖益生元能够协同作用，增强其抗病功效。

2. 益生元

益生元为一种非消化性的低聚糖，具有免疫调节的功能。研究较多的益生元有低聚果糖、寡乳糖、异麦芽糖、半乳寡糖等。它们虽不能被动物体消化吸收，但却为双歧杆菌等肠道有益菌利用，促进其增殖。目前常用的低聚糖主要有甘露寡糖、低聚果糖、寡葡萄糖、寡乳糖、寡木糖、寡聚葡萄糖、低聚焦糖、反式半乳寡糖和大豆寡糖等。

研究表明，饲料中添加 0.3% 和 0.6% 的壳寡糖显著提高了大黄鱼幼鱼血清溶菌酶的活性（$P<0.05$），但大黄鱼血清替代途径补体活力、超氧化物歧化酶活力及过氧化氢酶活力有上升趋势，但无显著变化（表4-10）（徐后国等，2011）。此外，饲料中添加 0.3% 的壳寡糖显著提高鱼头肾巨噬细胞的呼吸暴发活性（$P<0.05$）（徐后国等，2010）。以上结果表明，饲料中添加一定量的壳寡糖（0.3% ~ 0.6%）可以提高大黄鱼幼鱼非特异性免疫力。

此外，海洋生物多糖具有抗氧化、增强免疫力、抗病毒、抗肿瘤作用等。海带多糖、紫菜多糖可明显促进大黄鱼的生长，提高免疫力，改善体内部分血液生化指标和肠道的菌群结构。海带多糖、紫菜多糖的添加量在大黄鱼饲料中以 0.5% 的添加量为宜，能够增强海水鱼的免疫力（林建斌等，2016）。

表4-10　饲料中添加壳寡糖和枯草芽孢杆菌对大黄鱼幼鱼血清免疫指标的影响

（徐后国等，2010）

壳寡糖（%）	枯草芽孢杆菌含量（CFU/g）	血清溶菌酶	血清替代补体	血清超氧化物歧化酶	血清过氧化氢酶
0.00	0	59.45 ± 24.48	91.09 ± 18.94	436.74 ± 69.62	2.60 ± 0.79
0.00	0.5×10^7	77.51 ± 21.20	102.79 ± 16.21	381.49 ± 66.76	2.53 ± 1.17
0.00	1.0×10^7	78.75 ± 21.53	124.87 ± 18.19	571.45 ± 30.33	2.29 ± 0.73
0.30	0	110.35 ± 16.78	112.34 ± 20.25	604.44 ± 51.15	1.42 ± 0.61
0.30	0.5×10^7	116.65 ± 21.56	70.64 ± 17.07	562.81 ± 86.62	1.26 ± 0.38
0.30	1.0×10^7	117.06 ± 25.49	81.14 ± 6.67	502.41 ± 104.38	1.07 ± 0.49
0.60	0	114.53 ± 1.82	134.48 ± 11.50	488.22 ± 18.63	1.55 ± 0.97
0.60	0.5×10^7	122.46 ± 5.74	69.84 ± 14.40	452.16 ± 14.80	2.06 ± 0.25
0.60	1.0×10^7	104.13 ± 22.97	87.37 ± 12.46	495.16 ± 78.93	2.03 ± 0.61
壳寡糖和枯草芽孢杆菌的交互作用	—	0.953	0.095	0.352	0.972

注：数据为3个重复的平均值 ± 标准误。

因此，糖类益生元的添加能促进大黄鱼非特异性免疫的提高，维持肠道健康，减少患病和死亡的概率，大幅度减少养殖过程中抗生素的使用。微生态制剂能够改善大黄鱼的肠道健康，增强免疫力、抗氧化能力等，合理搭配益生菌与益生元是开发抗病抗逆功能性饲料的又一条有效途径。

综上，大黄鱼抗病抗逆饲料的开发应以常规营养素的合理搭配为基础，添加功能性饲料添加剂，提高鱼的免疫抗病以及抗氧化应激能力，并且适当辅以微生态制剂，进一步增强大黄鱼对病害和外界胁迫防御能力，促进大黄鱼的健康生长。

第二节　大黄鱼高效环保功能性饲料开发

水产动物和养殖环境是一个有机的整体。大黄鱼生活的水环境中，残饵、饲料溶失成分和排泄物等进入养殖水环境中往往造成水产动物应激或发病。当水体中亚硝酸盐浓度过高，可使鱼类的血液丧失载氧能力，进而死亡。随着市场的竞争，环保型配合饲料的研发与推广，将成为未来饲料市场的主旋律。要想获得更高的水产养殖效益，必须在提高饲料转化利用率的同时降低未被吸收的营养素进入水体所产生的污染，维持水环境健康。

　　水产动物营养饲料与养殖水环境关系的研究主要是解决自身污染的问题，从根本上来说是需要提高水产配合饲料的诱食性、水中稳定性和消化吸收率，并有效控制饲料来源的氮磷排放。基于精准营养的高效环保型大黄鱼功能饲料的研发可通过如下途径，比如低氮低磷高能配方、氨基酸平衡配方、原料发酵处理、高效诱食剂、外源酶制剂、微生物制剂等技术，再如在生产工艺上提高饲料淀粉糊化度、饲料水中稳定性、减少饲料水体中溶失等。本节主要从基本营养素的平衡配比和来源、外源酶的添加和提高饲料稳定性的工艺 3 个方面具体讨论大黄鱼高消化吸收率和养殖环境保护功能性饲料的开发，为促进大黄鱼养殖业的健康、可持续发展奠定基础。

一、调整基本营养素的含量和来源

1. 碳水化合物含量及来源

　　在饲料中添加适量的糖不仅可以节约脂肪和蛋白质，提高饲料利用率，还可以降低蛋白质代谢产物对养殖水体的污染。在海水浮式网箱中进行一系列的生长摄食实验，比较了等氮等脂和等氮等能不同糖水平的饲料（糖脂比 2.29 ~ 4.41）对饲料消化利用的影响（表 4-11），认为饲料糖含量在 21% ~ 27% 时，鱼饲料可取得最高的利用效率，并且大黄鱼处于最佳的生长生理状态。

表 4-11　提高大黄鱼饲料效率、蛋白质效率、肠道淀粉酶活力的适宜糖水平

糖源	初始体重（g）	喂养时间（d）	适宜糖含量（饲料效率达到最高）	适宜糖含量（蛋白质效率达到最高）	适宜糖含量（肠道淀粉酶活力达到最高）
小麦淀粉（邢淑娟，2015）	137.5 ± 0.35	56	13.64%	21.15%	26.69%
小麦淀粉（邢淑娟，2015）	7.60 ± 0.10	56	－	－	27.9%
小麦淀粉（邢淑娟，2015）	26.0 ± 0.03	56	－	21.6%	21.6%
小麦淀粉（邢淑娟等，2017）	137.5 ± 0.4	56	13.64% ~ 21.15%	13.64% ~ 21.15%	26.69%

注：饲料效率 =100 ×（鱼体终重 – 鱼体初重）÷ 摄食量；蛋白质效率 = 100 ×（鱼体终重 – 鱼体初重）÷ 饲料蛋白摄食量。

对饲料中糖的来源选择会对大黄鱼的饲料利用率产生一定影响。研究表明，添加葡萄糖、小麦淀粉和糊精 3 种不同的碳水化合物进行为期 8 周的生长实验和持续 24 h 的饥饿实验。对于初始体体重为（8.51±0.02）g 的大黄鱼，小麦淀粉组和糊精组的增重率和特定生长率显著高于葡萄糖组，且这 2 个饲料组的饲料系数显著低于葡萄糖组，表明这 2 种饲料饲喂效果最好（袁野等，2018）。再如，采用 2×3 双因素试验设计，比较葡萄糖和小麦淀粉 2 种碳水化合物，饲喂初始体重为（8.53±0.07）g 的大黄鱼 8 周，结果显示饲料系数随饲料葡萄糖水平的升高显著升高（P<0.05），但在饲料小麦淀粉水平由 0 增加到 15% 时显著降低（P<0.05），由 15% 增加到 30% 时显著升高（P<0.05）。因此，15% 或 30% 水平下，小麦淀粉组大黄鱼的饲料系数显著低于葡萄糖组，小麦淀粉为更佳选择（马红娜等，2017）。另外一组研究报道中，养殖初始平均体重为（7.06±0.48）g 的大黄鱼幼鱼 8 周，以葡萄糖、蔗糖、糊精、土豆淀粉、玉米淀粉和小麦淀粉分别为糖源。结果显示，小麦淀粉和玉米淀粉组大黄鱼的增重率、特定生长率、饲料效率和蛋白质效率均显著高于蔗糖和葡萄糖组（P<0.05），并且小麦淀粉、玉米淀粉和土豆淀粉的肠道淀粉酶、脂肪酶活性显著高于蔗糖和葡萄糖组（P<0.05）。

因此认为，大黄鱼对小麦淀粉和玉米淀粉的利用能力要高于蔗糖和葡萄糖（李弋等，2015）。此外，上一节介绍的新型饲料添加剂海洋生物多糖、紫菜多糖和海带多糖，具有提高机体免疫力和饲料利用率，降低养殖成本的功效。大黄鱼饲料添加海带多糖和紫菜多糖，饲料效率分别提高 16.26% 和 9.53%，成活率分别提高 6.03% 和 5.49%，添加量为 0.5% 的大黄鱼幼鱼功能性配合饲料（全粉料）系数低于 1.47，膨化饲料系数低于 1.50，与市售普通海水鱼配合饲料相比饲料效率提高 5% 以上，显著提高海水鱼的生长速度和成活率（林建斌等，2016）。综合以上结果，小麦淀粉等结构复杂多糖适合作为大黄鱼饲料中的优质糖源。

在碳水化合物和脂肪营养的交互作用方面，以平均体质量为（6.75±0.12）g 的大黄鱼为研究对象，设计 3 个小麦淀粉水平（5%、10% 和 30%）和 2 个脂肪水平（5% 和 10%）的 3×2 的双因子实验，不同小麦淀粉和脂肪水平对肝脏脂肪酶活性有显著的交互作用（表 4-12）。同一脂肪水平，脂肪酶的活性随着淀粉水平的升高而升高，同一饲料淀粉水平下，饲料脂肪水平为 10% 组的脂肪酶活性显著高于 5% 组。脂肪对淀粉酶活性没有显著的交互作用，但是当脂肪水平为 10% 时，大黄鱼对小麦淀粉的利用能力降低（陆游等，2017）。本研究表明，小麦淀粉的添加能够促进脂肪酶活性的提高，使饲料中的脂肪得到有效利用，并促进大黄鱼的生长。

表4-12　投喂不同小麦淀粉和脂肪水平饲料大黄鱼肠道消化酶活性

（陆游等，2017）

脂肪（%）		小麦淀粉（%）			P
		10	20	30	
脂肪酶（U/g）	5	4.13 ± 0.78	5.06 ± 0.40	5.28 ± 0.39	0.030
	10	6.03 ± 0.63	7.24 ± 0.11	7.97 ± 0.48	
淀粉酶（U/g）	5	1.38 ± 0.29	1.24 ± 0.07	1.28 ± 0.25	0.458
	10	1.02 ± 0.13	1.14 ± 0.06	1.07 ± 0.06	

综上，在饲料中添加21%～27%小麦淀粉等结构复杂多糖，能够提高大黄鱼饲料的饲料效率，以及淀粉酶、脂肪酶等消化酶的活性，降低饲料系数。

2. 蛋白质和氨基酸的平衡

大黄鱼饲料中鱼粉蛋白替代研究集中于使用豆粕、玉米蛋白粉等植物蛋白，及肉骨粉、血粉等动物蛋白进行替代。研究认为，使用20%的发酵豆粕或40%的脱脂黑水虻虫粉能够显著提高大黄鱼对饲料的消化吸收（表4-13）。除表中所列豆粕外，去皮豆粕及酶解豆粕替代鱼粉会导致胃蛋白酶活性降低，同样酶解豆粕替代鱼粉还降低胃脂肪酶活性。而发酵豆粕替代20%的鱼粉使鱼肠道中蛋白酶活性升高，但豆粕高水平替代鱼粉（40%）则会破坏肠道的完整性，导致肠绒毛较稀疏，皱襞高度较小。以鱼的消化酶、离体消化率及组织形态学为评价指标，酶解豆粕、发酵豆粕Ⅰ及发酵豆粕Ⅱ均能替代20%的鱼粉，但相比之下发酵豆粕Ⅱ替代20%的鱼粉组为最佳替代组（吴钊，2016）。动物蛋白原脱脂黑水虻虫粉的干物质中粗蛋白含量为37.78%，粗脂肪含量为11.37%，粗灰分含量为12.47%。其中必需氨基酸中的缬氨酸、亮氨酸、异亮氨酸、赖氨酸含量较高，蛋氨酸含量较低，必需氨基酸总量与氨基酸总量比值为0.46。非必需氨基酸中的谷氨酸、酪氨酸、丙氨酸及天冬氨酸含量较高。大黄鱼幼鱼对脱脂黑水虻虫粉干物质、粗蛋白和粗脂肪的表观消化率分别为60.27%、81.25%和82.13%，试验得出替代水平大于60%时大黄鱼幼鱼肠道淀粉酶活性显著增强，但肠道脂肪酶活性于替代水平40%时最高，肠道胰蛋白酶活性在替代水平20%时最高（韩星星，2019）。

表4-13　提高大黄鱼饲料消化吸收能力的蛋白原及其适宜添加量

蛋白原	初始体重（g）	试验时长（d）	提高饲料消化吸收的依据	适宜添加量粉（%）
发酵豆粕Ⅱ（吴钊，2016）	34.72 ± 0.28	49	提高胃蛋白酶活性、肝脏对干物质的离体消化率，肝细胞排列更加紧密，空泡化现象较轻	20
脱脂黑水虻虫粉（韩星星，2019）	50.08 ± 3.31	49	提高饲料效率、蛋白质效率、肠道脂肪酶活性	40

　　除了蛋白原的选择，氨基酸的平衡也很重要。蛋氨酸的添加能够弥补动植物蛋白原氨基酸的缺乏，但不同蛋氨酸源利用率不同，因而探究晶体蛋氨酸、寡聚蛋氨酸、羟基蛋氨酸、包埋蛋氨酸几种不同形式的蛋氨酸对大黄鱼生长和饲料利用的影响。以初始体重为（26.0 ± 1.6）g的大黄鱼幼鱼为研究对象，经过为期8周的养殖实验，与对照相比，0.65%寡聚蛋氨酸和0.95%寡聚蛋氨酸组大黄鱼的饲料系数显著降低，蛋白质效率显著升高，且0.95%寡聚蛋氨酸组的增重率显著升高。另以初始体重为（8 ± 0.68）g的幼鱼为实验对象，养殖8周。实验结果表明，饲料中添加0.25%包埋蛋氨酸和0.25%寡聚蛋氨酸增重率均显著提高，且0.25%寡聚蛋氨酸饲料效率、蛋白质效率均显著提高（$P<0.05$）（马俊，2015）。综上，以饲料效率和蛋白质效率为评价指标，外源蛋氨酸添加效果由高到低依次为：寡聚蛋氨酸＞包埋蛋氨酸＞晶体蛋氨酸＞蛋氨酸羟基类似物。

　　此外，开发多肽类饲料添加剂，比如含有抗菌肽、辅以牛磺酸和姜黄素等饲料添加剂的功能性粉状配合饲料，经膨化工艺制成软颗粒，证实能够提高大黄鱼的饲料利用率，达91.74% ~ 116.28%（张蕉南等，2015）。添加500 mg/kg胜肽－益生菌配制成的软颗粒饲料，饲养初始体重为（48.23 ± 1.25）g的大黄鱼12周，能够显著提高大黄鱼的饲料效率和特定生长率（柯巧珍等，2018）。

　　因此，选择20%的发酵豆粕或40%的脱脂黑水虻虫粉作为鱼粉替代蛋白原，添加0.25%寡聚蛋氨酸或是多肽添加剂，能够极大地提高饲料的利用率，减少饲料浪费。

二、外源酶制剂的添加减少氮磷排放

　　提高鱼类对饲料中蛋白质和磷的利用率是降低氮磷排放、降低养殖水域污染的关键环节。在植物性饲料添加植酸酶和非淀粉性多糖酶可以有效降解植物性饲料原料中的非淀粉性多糖和植酸磷，提高饲料能量和各种养分的利用率，降低饲料中的氮磷损失。水溶性非淀粉性多糖会减缓消化道中消化酶及其底物的扩散速度，降低消化率，阻碍养分吸收。鱼类消化系统缺乏内源性植酸酶，植酸与磷结合形成鱼类无法利用的植酸磷，导致饲料中氮磷的消化吸收率降低，增加氮磷排放。

喂养初始体重为（1.88±0.02）g的大黄鱼8周，实验结果表明，饱食条件下饲料中添加非淀粉性多糖酶（主要包括葡聚糖酶、戊聚糖酶、纤维素酶和木聚糖酶）显著降低大黄鱼的氨氮排泄率（$P<0.05$），而添加植酸酶组实验鱼的氨氮排泄率降低不显著。外源酶的添加对可溶性磷排泄率的影响均不显著（$P>0.05$），且添加植酸酶的可溶性磷排泄率有增加的趋势（表4-14）（张春晓等，2008）。

表4-14　外源酶添加对饥饿和饱食状态大黄鱼的氨氮和可溶性磷排泄率的影响
（平均数 ± 标准误）（张春晓等，2008）

饲料	氨氮 ［mg/(kg·h)］		可溶性磷 ［mg/(kg·h)］	
	饥饿	饱食	饥饿	饱食
对照组	4.39±0.01	15.48±0.03[a]	0.347±0.002	3.30±0.08
200 mg/kg 植酸酶（2 500 IU/g）	4.25±0.20	15.43±0.06[a]	0.351±0.013	3.47±0.05
800 mg/kg 葡聚糖酶、戊聚糖酶和纤维素酶（50 IU/g）	4.40±0.05	14.76±0.11[b]	0.347±0.001	3.39±0.03
400 mg/kg 木聚糖酶（1 000 IU/g）	4.34±0.17	14.71±0.06[b]	0.349±0.003	3.40±0.02
800 mg/kg 葡聚糖酶、戊聚糖酶和纤维素酶（50 IU/g）+400 mg/kg 木聚糖酶（1 000 IU/g）	4.43±0.21	14.67±0.09[b]	0.345±0.002	3.38±0.01
单因素方差分析 ANOVA				
F	0.166	21.222	0.062	1.012
P	0.948	0.001	0.992	0.446

注：同一列中平均数后不同的上标表示差异显著（$P<0.05$）。

以初始体重（1.88±0.01）g的大黄鱼为实验对象，分析饲料中添加植酸酶和非淀粉多糖酶（包括纤维素酶、半纤维素酶、葡聚糖酶、果胶酶和木聚糖酶）对消化酶活力的影响。8 周后大黄鱼胃和肠的蛋白酶和淀粉酶活性均有上升趋势，并且添加非淀粉多糖酶能显著提高大黄鱼胃和肠道淀粉酶活性，添加植酸酶能显著提高大黄鱼胃和肠道蛋白酶活性（$P<0.05$）。然而，大黄鱼胃和肠道脂肪酶活性没有受到 2 种酶制剂添加的显著影响（表 4-15）（张璐等，2006）。

表 4-15　饲料中添加植酸酶和非淀粉多糖酶对大黄鱼胃肠蛋白酶、
脂肪酶和淀粉酶含量的影响

（张璐等，2006）

饲料	胃蛋白酶（U/mg）	胃脂肪酶（U/mg）	胃淀粉酶（U/mg）	肠蛋白酶（U/mg）	肠脂肪酶（U/mg）	肠淀粉酶（U/mg）
对照	0.44 ± 0.03^b	0.02 ± 0.00	0.06 ± 0.01^b	0.66 ± 0.03^b	0.06 ± 0.01	0.14 ± 0.01^b
200 mg/kg 植酸酶	0.61 ± 0.05^a	0.02 ± 0.00	0.07 ± 0.00^b	0.91 ± 0.05^a	0.07 ± 0.00	0.14 ± 0.01^b
400 mg/kg 纤维素酶、半纤维素酶、葡聚糖酶和果胶酶 + 800 mg/kg 木聚糖酶和葡聚糖酶	0.47 ± 0.05^b	0.02 ± 0.00	0.11 ± 0.00^a	0.69 ± 0.04^b	0.07 ± 0.01	0.17 ± 0.00^a
P	0.027	0.894	0.001	0.010	0.642	0.026
F	6.944	0.114	29.015	10.759	0.478	7.069

注：同一列中平均数后不同的上标表示差异显著（$P<0.05$）。

综上，添加酶制剂提高了大黄鱼的消化酶活性，减少氮、磷排放量，有利于减轻对养殖水域的污染。

三、提高饲料稳定性的生产工艺

1. 软颗粒饲料

软颗粒饲料是指含水量在 25% ~ 30% 的较松软的颗粒饲料。大黄鱼软颗粒饲料的制作主要包括将软颗粒干粉料与常用的鲜杂鱼糜以适合的比例混合，通过水产湿颗粒饲料压制机压制成软颗粒。有研究采用 A、B、C、D 共 4 种不同成分含量的软颗粒饲料（表 4-16）分别投喂大黄鱼，结果表明研制的粒径 0.4 ~ 1.0 cm 的软颗粒饲料，圆柱体外观光滑，无开裂现象，切口整齐，能够保持鲜杂鱼固有风味，无腐败、霉变及其他异味，水中稳定性良好，沉降速度为 8.3 cm/s，其诱食效果优于鲜杂鱼糜，养殖效果及经济效益优于投喂冰鲜饵料，尤其是 D 组料（相对增重率达 81.0%；饲料系数达 1.81），效果显著（全汉锋等，2013）。

表 4-16 大黄鱼软颗粒饲料中干粉料的基本配方及主要营养成分

（全汉锋等，2013）

原料配比（%）	粉料 A	粉料 B	粉料 C	粉料 D
进口鱼粉	63	53	43	69
膨化大豆	2	12	22	0
啤酒酵母	4	4	4	4
预糊化淀粉	25	25	25	21
鱼油	1	1	1	1
复合多矿	2	2	2	2
添加剂	3	3	3	3
合计	100	100	100	100
粗蛋白	44.06	41.06	38.06	47.30
粗脂肪	6.07	7.46	8.61	6.33
水分	6.52	6.65	6.58	6.55

另外，平均体质量为 280 g 的大黄鱼投喂软颗粒饲料（试验组）和鲜杂鱼糜（对照组），试验评价两种饲料对环境影响（表 4-17）（王兴春，2014）。软颗粒饲料和对照组养殖水中总氮、总磷和化学需氧量含量均与空白组差异显著（$P<0.05$）。软颗粒饲料与对照组水中总磷差异不显著（$P>0.05$），但总氮和化学需氧量含量均差异显著（$P<0.05$）。化学需氧量作为水质污染的重要指标，反映了软颗粒饲料能够显著降低水中溶解的有机物。软颗粒饲料水中沉积物总量显著少于对照组（$P<0.05$），软颗粒饲料水中沉积物中总氮、总磷均显著少于对照组（$P<0.05$）。因此认为，软颗粒饲料对养殖环境的影响显著小于鲜杂鱼糜，可在海水鱼类网箱养殖中应用推广。

表 4-17 软颗粒饲料对水环境总氮、总磷、化学需氧量的影响

（王兴春，2014）

		试验组			对照组			空白组
		1 号池	2 号池	3 号池	4 号池	5 号池	6 号池	7 号池
总氮（mg/L）	数值	1.49 ± 0.30[ab]	1.48 ± 0.41[a]	1.47 ± 0.33[a]	1.93 ± 0.425[c]	1.92 ± 0.434[c]	1.89 ± 0.54[bc]	0.94 ± 0.24[d]
	均值		1.48 ± 0.34[a]			1.91 ± 0.46[b]		0.94 ± 0.24[c]
总磷（mg/L）	数值	0.09 ± 0.02[a]	0.08 ± 0.01[a]	0.09 ± 0.01[a]	0.10 ± 0.01[a]	0.10 ± 0.02[a]	0.09 ± 0.02[a]	0.07 ± 0.02[b]
	均值		0.09 ± 0.01[a]			0.10 ± 0.02[a]		0.07 ± 0.02[b]
化学需氧量（mg/L）	数值	1.49 ± 0.30[a]	1.48 ± 0.41[a]	1.47 ± 0.33[a]	1.93 ± 0.42[b]	1.93 ± 0.43[b]	1.88 ± 0.54[b]	0.83 ± 0.16[c]
	均值		1.48 ± 0.35[a]			1.91 ± 0.46[b]		0.83 ± 0.16[c]

注：同一行参数上方标不同字母代表有显著差异（$P<0.05$），相同字母则无显著差异（$P>0.05$）。

研究表明，软颗粒饲料能够提高大黄鱼饲料利用率、减少氮磷沉积等，是一种高效、安全、低碳环保的饲料选择。

2. 膨化饲料

膨化饲料是应用挤压膨化技术加工而成的颗粒饲料，除具有颗粒饲料的一般优点外，尚有适口性好、消化率高、外形多变、可制成浮性或沉性饲料、杀菌脱毒等优点。研究表明膨化饲料的溶胀率、溶失率和 COD 值与浸泡时间、粒径大小均呈显著的正相关（林旋等，2015）。此外，膨化饲料对水中氨氮、硝酸盐氮和亚硝酸盐氮浓度有影响，这可能与饲料配方或加工工艺引起的饲料黏合度不同有关。分析大黄鱼膨化饲料在水中的稳定性，通过测定投喂大黄鱼膨化饲料后不同时间水中氨氮、硝酸盐氮与亚硝酸盐氮的产生量（图 4-9），会发现黏合度低的饲料颗粒在水的作用下很快分解，使水中氮含量增加，如氨氮、硝酸盐氮。特别是在养殖面积较小或换水量不大的养殖设施内，这种饲料是不利于鱼生长的。随着水中溶解氧的逐

渐消耗，硝酸盐氮被部分还原为亚硝酸盐氮，然后亚硝酸盐氮的浓度逐渐上升。饲料颗粒间结合程度的增加使颗粒间形成较为紧密的结合，增加了饲料的耐水性，从而减少了氨氮、硝酸盐氮及亚硝酸盐氮的产生量。此外，动物性蛋白质且饲料粗蛋白含量较低，含氮物质便不易溶解在水中，也能够减少氨氮、硝酸盐氮及亚硝酸盐氮的产生（黄贞胜等，2014）。

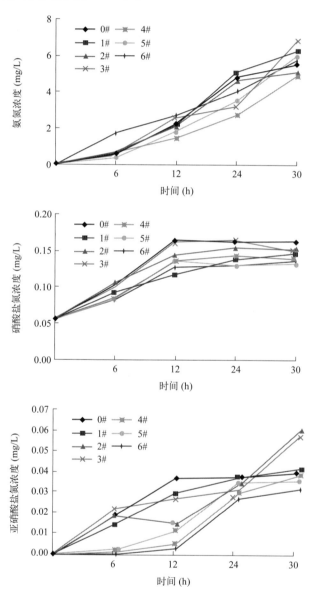

图 4-9　大黄鱼膨化饲料对水中氨氮、硝酸盐氮、亚硝酸盐氮浓度的影响
（黄贞胜等，2014）

上述试验所用 7 种大黄鱼配合饲料，分别为大黄鱼 0#、1#、2#、3#、4#、5# 和 6# 颗粒饲料，各规格饲料的原料为智利鱼粉（68%CP）、国产鱼粉（63%CP）、虾粉（60%CP）、脱皮豆粕（46%CP）、啤酒酵母、玉米蛋白粉（60%CP）、高筋面粉、乌贼膏、鱼油和预混料等。大黄鱼膨化饲料 0# ~ 6# 的粒径分别为（2.00 ± 0.00）mm、（2.76 ± 0.02）mm、（3.50 ± 0.03）mm、（4.42 ± 0.00）mm、（5.80 ± 0.02）mm、（8.14 ± 0.03）mm 和（9.88 ± 0.01）mm。

大黄鱼无鱼粉浮性膨化饲料的饲料系数低于 1.5，大黄鱼成活率比喂冰鲜、活饵提高 10% ~ 15%，水质明显比喂冰鲜活饵改善，且鱼病减少（潘明官等，2014）。此外，膨化饲料的真空油脂喷涂解决了在低淀粉条件下饲料油脂不宜在制粒前内加的难题，具有高效和环境友好的特点（陈乃松等，2019）。因此，基于膨化饲料高消化率和降低水中氮污染等优势，大黄鱼不同生长阶段膨化配合饲料，以及无鱼粉浮性膨化饲料等的开发和应用可极大地推进大黄鱼的绿色生产。

3. 微胶囊饲料

微胶囊是将分散的固体物质、液滴或气体完全包封在一层致密膜中形成的微小粒子，其营养丰富、适口性强、稳定性好，被普遍认为是一种理想的水产育苗饲料。大黄鱼仔鱼微胶囊饲料的粒度与水中稳定性是影响其净能量得益、育苗水质和培苗成活率的重要性状。采用激光粒度分布仪检测微胶囊饲料粒度分布、体积平均粒径和中位数粒径 D50 的减小率和吸水率，评估其水中稳定性，并参比大黄鱼仔鱼口径。结果表明，D50 为 71.63 μm、61.92 μm 浸泡海水 120 min 的中位径减小率均值为 10.97%，体积平均径减小率均值为 14.19%，水中稳定性可满足大黄鱼仔鱼阶段投饵操作要求（朱庆国，2018）。另有研究自制微胶囊饲料 1# 和 2#（图 4-10），具有粒径合适 [1# 微胶囊饲料粒径大致为（27.77 ± 11.83）μm；2# 微胶囊饲料粒径大致为（35.26 ± 11.64）μm]、较好的悬浮性（1# 微胶囊饲料 33.80% ± 1.08%；2# 微胶囊饲料 20.67% ± 0.26%）和较低的溶解率（1# 微胶囊饲料 3.20% ± 0.32%；2# 微胶囊饲料 8.30% ± 0.46%）等优势，且营养均衡（Justice，2016）。外层的包膜有助于提高其水中稳定性。

以 25%、50% 和 75% 比例的上述微胶囊饲料与生物饵料配合培育，结果显示，微胶囊饲料对 10 日龄大黄鱼仔稚苗组织淀粉酶活力有所提高。组织脂肪酶活力除 25 日龄，实验组脂肪酶活力均高于对照。大黄鱼组织中胃蛋白酶活力除 42 日龄，实验组活力均高于对照组，而胰蛋白酶活力除 25 日龄均有所提高，呈随添加量的增加呈上升的趋势（Justice，2016）。因此认为，微胶囊饲料以其良好的物理化学稳定性和对消化酶活力的提高，具有改善水质和提高大黄鱼对配合饲料消化吸收能力的优势。

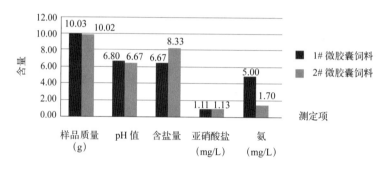

图 4-10　试验微胶囊饲料的理化性质（Justice，2016）

4. 微粒子饲料

微粒子饲料适合在仔鱼培育阶段使用。微粒子配合饲料粒径可达数 10 μm，在营养全面性、水中稳定性和微粒大小等方面均有较大的技术进步，可替代桡足类等生物饵料和鱼、虾、贝肉糜，保存和使用方便，对水体污染少，货源充足，质量安全可控，将是今后大黄鱼仔鱼培育的主要饵料之一。有关微粒子饲料的饲养试验主要集中在生长、存活方面，效果显著，含量 75% 左右最佳。

综上所述，现有研究表明，对碳水化合物、蛋白质等的含量和来源的调整，并适当添加外源酶，使用特殊工艺改善饲料的稳定性，能够极大地提高饲料效率，降低饲料系数，减少氮磷排放、饲料残留等，从根本上优化养殖水体环境，促进大黄鱼的健康生长和养殖产业的可持续发展，具有显著的经济和生态效益。

第三节　大黄鱼品质改善功能性饲料开发

鱼类的品质是一个复杂的概念，外观、营养、质构和风味构成了鱼类品质的四大要素。对于消费者而言，品质包括感官品质以及鱼肉作为健康食品所具有的营养价值等，然而养殖鱼类与野生鱼类品质上的巨大差异成为了水产养殖的巨大挑战之一。养殖大黄鱼同样面临着品质下降的问题，而影响其品质的因素主要包括遗传特性、饲料营养、养殖方式、饲养管理等，这些因素影响了构成水产品的化学组成和化学结构。通过饲料能够提升大黄鱼的品质，比如营养素的合理搭配以及添加改善鱼品质的饲料添加剂，提高机体中功能性物质的含量，这对鱼肌肉品质、口感、风味、保健功能均有所影响。因此，开发大黄鱼品质改善的功能性饲料能够提高养殖鱼的质量，并且增加大黄鱼养殖业的经济效益。

一、养殖和野生大黄鱼的品质差异

野生大黄鱼朱唇金鳞、形体精瘦、肉质鲜美，但是养殖大黄鱼出现了体色退化、肉质松软、风味下降等品质退化特征，严重影响其市场的接受程度（图4-11）。养殖和野生大黄鱼品质差异的研究，为提升养殖大黄鱼品质提供了可参考的依据。

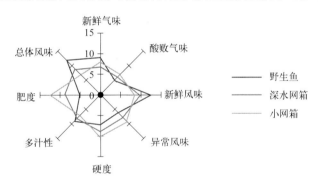

图4-11　养殖与野生大黄鱼肌肉感官评定结果的风味剖面图（段青源等，2006）

与野生大黄鱼相比较，不同养殖模式大黄鱼的品质特点不一，具体表现在形体、颜色、肉质、气味和滋味5个方面（表4-18）。总体来说，大黄鱼野生鱼的内聚性、弹性、咀嚼性显著高于养殖鱼，呈现低脂高蛋白的特征（郭全友等，2019）。相比之下，养殖大黄鱼体形肥满、颜色偏白、皮肤黄色、特征模糊、肌肉肉质松散、气味较重，且鲜味降低（马睿，2014）。不过，从营养价值角度来说，养殖与野生大黄鱼之间其实并无明显的差异（孟玉琼等，2016）。与投喂鲜杂鱼相比，配合饲料的投喂更能够改善养殖大黄鱼的形体、体色和肉质等方面的品质，因此针对养殖品质改良来开发功能性配合饲料是有潜力的。

表 4-18　不同养殖与野生大黄鱼品质指标的差异

养殖方式	体重（g）	养殖时间（d）	形体差异	颜色差异	肉质差异	气味差异	滋味差异
鲜杂鱼养殖大黄鱼（马睿，2014）	500	—	肥满度高于野生	皮肤的黄色值、肌肉的红色值低于野生，皮肤和肌肉的亮度值高于野生	肌肉硬度、碱溶性羟脯氨酸、碱不溶性羟脯氨酸和总羟脯氨酸含量、肌肉胶原蛋白交联吡啶啉、肌肉水分含量低于野生，肌肉脂肪、总蛋白含量高于野生	肌肉挥发性气味物质数量和总含量、醇类、酸类、三甲胺含量高于野生，肌肉 pH 值、氧化三甲胺含量低于野生	肌肉的游离氨基酸总量、甜味氨基酸、鲜味肌苷酸、Ca、Na 和 Mn 元素含量低于野生，酸味氨基酸含量高于野生
饲料养殖大黄鱼（马睿，2014）	500	—	肥满度高于野生	皮肤的黄色值、肌肉的红色值低于野生，皮肤和肌肉的亮度值高于野生	肌肉胶原蛋白交联吡啶啉、肌肉水分含量低于野生，肌肉脂肪、总蛋白含量高于野生	肌肉挥发性气味物质数量和总含量、醛类、酮类、三甲胺含量高于野生，肌肉 pH 值、氧化三甲胺含量低于野生	甜味氨基酸、鲜味肌苷酸、Ca、Na 和 Mn 元素含量低于野生，酸味氨基酸含量高于野生
配合饲料养殖大黄鱼（孟玉琼等，2016）	248.50 ± 8.18	84	肥满度高于野生	背部黄色值、腹部红色值、黄色值、肌肉红色值低于野生，肌肉亮度值、黄色值高于野生	黏附性、内聚性、弹性、咀嚼性、pH 值及碱不溶性羟脯氨酸含量、水分、蛋白质含量、n-3/n-6 值低于野生，汁液流失率、失水率、失脂率、水溶性蛋白、碱溶性羟脯氨酸含量、脂肪含量、各类脂肪酸含量、PUFA/SFA 比值高于野生	—	—

注：肥满度 = 体重 / 体长 ^{3} 100%。

根据上述品质缺陷，调控养殖大黄鱼的品质应从降低脂质、提高蛋白质及体色和鲜味、降低异味等方面入手。目前有关大黄鱼品质调控的试验主要集中在对蛋白质和脂质配方的调整和具有特异功效的饲料添加剂的发掘。

二、主要营养素对大黄鱼肌肉品质的调控

1. 蛋白质配方的调整

饲料蛋白质水平影响大黄鱼的形态学指标，如肥满度、脏体比和肝体比等，也能够影响其肌肉的品质。试验以低蛋白质组（30%）、生长适宜组（42%）、高蛋白质组（50%）3组饲料为例，饲喂63 d，发现提高饲料的蛋白质水平能提高大黄鱼肌肉肉质（表4-19），但随着蛋白质的升高，肌肉的脂肪沉积也增高，还会引起强烈的气味和鱼腥味（马睿，2014）。然而，低饲料蛋白质水平又会降低肌肉的滋味活性物质，减少大黄鱼味道的鲜美。因此，对蛋白质水平的选择，目前还缺乏最合适的方案，后续研究应该继续探讨其他的添加水平对肌肉品质的作用，以期得到最佳品质的饲料蛋白质含量。

表4-19 饲料蛋白质水平对大黄鱼肉质的影响

（马睿，2014）

指标	低蛋白质组（30%）	生长适宜组（42%）	高蛋白质组（50%）
肥满度（%）	1.68 ± 0.10[b]	1.66 ± 0.13[b]	2.17 ± 0.14[a]
硬度（g）	294.36 ± 18.58[b]	307.87 ± 14.95[b]	368.37 ± 6.96[a]
黏附性（g/mm）	5.08 ± 0.54	5.16 ± 0.44	5.58 ± 0.24
内聚性	0.27 ± 0.01	0.28 ± 0.02	0.30 ± 0.01
弹性（mm）	1.67 ± 0.13[b]	1.81 ± 0.17[b]	2.31 ± 0.06[a]
咀嚼性（g/mm）	207.23 ± 27.68[b]	229.34 ± 28.59[b]	285.03 ± 21.76[a]

注：同一行参数上方标不同字母代表有显著差异（$P<0.05$）。

对植物蛋白原的选择，从降低体脂和肥满度的角度，由双低菜籽（低硫葡萄糖甙、低芥酸）生产的双低菜粕用于替代鱼粉是有优势的。一项研究表明，在鱼粉含量60%的基础饲料上按照质量分数用双低菜粕分别替代15%、30%、60%和100%

的鱼粉，投喂初重（135.38±1.02）g的大黄鱼12周，当替代水平达到100%时，大黄鱼肥满度最低。但是，替代组n-6系列脂肪酸含量升高，而n-3系列DHA和EPA却降低（孟玉琼等，2017），并且大黄鱼粗蛋白质含量显著降低。综合来讲，饲料中双低菜粕替代鱼粉比例不宜超过30%（苗新，2014）。

另一项用大豆浓缩蛋白和玉米蛋白粉替代鱼粉的研究认为，以大豆浓缩蛋白替代5%和10%的鱼粉能够降低脂肪含量，增加水分含量，而蛋白含量无显著差异（孙广文等，2019）。不过，玉米蛋白粉替代会导致粗蛋白质含量的降低，该试验鱼初始体重为（28.5±3.5）g，实验周期为10周（表4-20）。以初始体重为（10.49±0.03）g的大黄鱼幼鱼为研究对象，探索了玉米蛋白粉替代大黄鱼幼鱼饲料鱼粉的适当比例，并且替代组分别添加了适量的晶体赖氨酸和蛋氨酸，研究认为，玉米蛋白粉替代鱼粉对大黄鱼幼鱼的适宜添加量为45%（何娇娇等，2017），在品质方面该添加量的大黄鱼肌肉粗蛋白质含量显著提高、总胆固醇降低，然而其肌肉粗脂肪含量也同步升高、肌肉水分含量降低。

表4-20　大豆浓缩蛋白和玉米蛋白粉替代鱼粉对大黄鱼体组分的影响

（孙广文等，2019）

项目	对照	5%大豆浓缩蛋白	10%大豆浓缩蛋白	5%玉米蛋白粉	10%玉米蛋白粉
粗蛋白质	16.48±0.39[b]	16.05±0.28[ab]	15.98±0.23[ab]	15.54±0.37[a]	15.38±0.29[a]
粗脂肪	5.67±0.06	5.15±0.06	5.06±0.09	5.71±0.05	5.63±0.21
灰分	4.05±0.10	4.03±0.03	4.02±0.08	4.18±0.06	4.08±0.12
水分	73.86±0.77	74.48±0.45	74.63±0.39	74.24±0.81	74.91±0.46

注：同一行参数上方标不同字母代表有显著差异（$P<0.05$）。

豆粕替代鱼粉的试验中，以初始体重为（138.35±1.02）g的大黄鱼为实验对象，经过12周饲养，大黄鱼鱼体肥满度随豆粕替代水平的升高呈降低趋势，在豆粕添加量为600 g/kg时显著低于对照。但是，当豆粕替代鱼粉的含量超过60%时，显著降低了大黄鱼的增重率、鱼体脂肪和蛋白含量，同时损害肝脏和肠道的功能。因此，建议饲料中豆粕替代鱼粉比例不宜超过60%（苗新，2014）。

通过双酶水解制的动物蛋白鱼肉水解蛋白，可用于鱼粉替代。研究表明，5%～15%鱼蛋白水解物替代鱼粉能够降低大黄鱼粗脂肪含量，提高肌肉水分、粗蛋白含量，并且提高必需氨基酸、单不饱和脂肪酸、多不饱和脂肪酸（EPA 和 DHA）的含量，降低肌肉饱和脂肪酸含量，同时，呈味氨基酸、肌苷酸含量也得到提高（唐宏刚，2008）。然而，较高的替代水平则会导致大黄鱼稚鱼粗蛋白和粗脂肪含量显著降低，EPA、DHA 含量也有降低趋势（刘峰等，2006）。由此可见，过高的替代水平可能对肌肉品质有反作用。因此，鱼肉水解蛋白的适宜替代量还有待进一步研究，特别是对在 0 ～ 5% 的少量替代是否能更利于大黄鱼品质的提升方面。

综上，生长适宜的蛋白质水平或能减少脂肪沉积、提高鲜味，而双低菜粕、大豆浓缩蛋白、玉米蛋白粉、豆粕和鱼肉水解蛋白均是具有减少肌肉脂肪沉积潜力的蛋白原选择，但应注意适宜的替代比例，并保证肌肉 n-3 多不饱和脂肪酸和粗蛋白等含量满足营养价值的要求，才能保证肌肉的品质。此外，各类植物蛋白替代比例过高均会有副作用发生，致使肠道吸收下降，而鱼肉水解蛋白添加量过高也会阻碍大黄鱼稚鱼的生长发育。

2. 脂质配方的调整

饲料脂肪水平对大黄鱼肌肉品质具有显著影响。饲料脂肪对脂肪沉积相关基因表达的影响十分复杂，饲养（150.0±4.9）g 大黄鱼 10 周，摄食低脂饲料（6%）时，虽然肌肉对脂肪酸的吸收可能增加，但脂蛋白摄取和甘油三酯合成的降低，以及脂肪来源的不足使肌肉脂肪含量降低（严晶，2015）。摄食高脂饲料（18%）时，肌肉可能通过降低对脂蛋白的摄取和脂肪酸的吸收以及降低甘油三酯的合成等途径来抑制脂肪的过度沉积。有研究配制低脂肪水平为 3%、生长适宜脂肪水平 12%、高脂肪水平 18% 的 3 组饲料，养殖 60 天后，发现随着饲料脂肪水平的增加，大黄鱼的肉质和风味均有显著提高（表 4-21）。主要表现为大黄鱼肌肉硬度、持水力、胶原蛋白含量、脂肪含量的显著上升以及肌肉脂肪酸总量、挥发性气味物质种类和总量、三甲胺含量的显著提高（马睿，2014）。从滋味指标的比较情况看，12% 的脂肪水平肌肉肌苷酸含量最高，而过低和过高的脂肪水平都会降低肌肉的肉质和鲜味。饲料脂肪过高，大黄鱼肌肉脂肪含量和脂肪酸含量增加，容易导致肌肉气味强度和鱼腥味增加，影响大黄鱼品质。

以初始体质量为（13.57±0.33）g 的大黄鱼幼鱼，在浮式网箱中养殖 8 周，采用 3×2 双因子实验研究饲料脂肪水平（9%、12%、15%）和投喂频率（2 次 /d、1 次 /d）对大黄鱼体组成和脂肪沉积的影响，发现两者其实无显著的交互作用（表 4-22）。考虑到生长、饲料利用和品质等多种因素，每天 2 次投喂时，肌肉脂肪含量随饲料脂肪水平的增加而显著升高，因此建议使用脂肪含量 9% ~ 12% 的饲料（孙瑞健等，2015）。而在每天 1 次投喂时，各个脂肪组肌肉脂肪含量无显著差异，推荐使用 15% 左右脂肪含量的饲料，根据实际情况在短期（低于 8 周）内采用 15% 左右脂肪含量的配合饲料为宜。

表 4-21　饲料脂肪水平对大黄鱼肉质的影响

（马睿，2014）

指标	低脂肪组（30%）	生长适宜组（12%）	高脂肪组（18%）
肥满度（%）	1.96 ± 0.11	1.84 ± 0.04	1.83 ± 0.06
硬度（g）	333.34 ± 28.24[b]	450.88 ± 21.76[a]	373.01 ± 11.05[a]
黏附性（g/mm）	5.35 ± 0.28	5.56 ± 0.37	5.65 ± 0.53
内聚性	0.33 ± 0.01[a]	0.31 ± 0.02[ab]	0.29 ± 0.01[b]
弹性（mm）	1.89 ± 0.07[b]	2.21 ± 0.10[a]	2.07 ± 0.03[ab]
咀嚼性（g/mm）	204.57 ± 17.28[b]	325.96 ± 45.74[a]	217.17 ± 16.16[b]

注：同一行参数上方标不同字母代表有显著差异（$P<0.05$）。

表 4-22　饲料脂肪水平和投喂频率对大黄鱼肌肉脂肪含量的影响

（孙瑞健等，2015）

投喂频率（次/d）	饲料脂肪水平（%）	肌肉脂肪含量（%）
2	9	11.10[a]
2	12	11.56[ab]
2	15	13.78[b]
1	9	8.96[a]
1	12	9.38[a]
1	15	9.75[a]
交互作用	0.184	

注：同一列参数上方标不同字母代表有显著差异（$P<0.05$）。

植物油产量大、价格低、易吸收，被认为是良好的鱼油替代脂肪源。植物油替代鱼油显著影响了大黄鱼的肌肉营养组成（表4-23）。菜籽油和混合植物油（棕榈油、紫苏油、菜籽油）均可显著升高肌肉粗蛋白含量。但是菜籽油会导致 EPA 和 DHA

的含量下降，而混合植物油会使 EPA 和 DHA 的含量升高。66.67% 的菜籽油或者植物混合油替代鱼油能够提高大黄鱼肌肉蛋白，但有降低肌肉脂肪酸营养价值的弊端（李桑等，2015），而用 100% 菜籽油替代时会显著增加肌肉饱和脂肪酸，降低其营养价值。此外，100% 的菜籽油替代鱼油能够显著影响大黄鱼背部皮肤亮度值，但会降低腹部皮肤红色值，提高背部皮肤红色值（易新文，2015）。因而，菜籽油替代鱼油还能够显著影响大黄鱼的体色。

表 4-23 不同脂肪源对大黄鱼肌肉营养组成的影响

脂肪源	初始体重（g）	试验天数（d）	替代比例（%）	粗蛋白含量	总脂肪含量	脂肪酸含量
菜籽油（李桑等，2015）	0.65 ± 0.11	50	66.67	升高	—	亚麻酸升高，EPA 和 DHA 下降
棕榈油∶紫苏油∶菜籽油（3.6∶2.5∶1）（李桑等，2015）	0.65 ± 0.11	50	66.67	升高	—	EPA 和 DHA 升高
菜籽油（易新文，2015）	13.56 ± 0.05	56	100	—	—	饱和脂肪酸、硬脂酸、油酸、亚油酸、亚麻酸上升，花生四烯酸、EPA 下降

因此，选择适宜的脂肪水平，能够改善养殖大黄鱼的肉质、气味和风味。植物油替代会降低大黄鱼肌肉的营养价值，但是对肉质和体色有一定的改善，混合植物油替代能够提高 EPA 和 DHA 含量，为更适宜的脂肪源。综上，饲料中的重要营养成分会对大黄鱼的肌肉品质产生影响，调整蛋白质和脂肪的水平和来源均可以为大黄鱼品质改善功能性饲料的开发奠定基础。

三、改善品质的饲料添加剂

1. 太子参提取物的添加

研究在饲料中添加太子参提取物对大黄鱼肌肉营养的影响（黄伟卿等，2020），设计分别投喂添加量为 0（对照组）、0.5%、1.0%、1.5% 和 2.0% 太子参提取物（浓度为 40 g/L）饲料，投喂（34.05 ± 8.23）g 的大黄鱼幼鱼，120 d 后发现 0.5%

的添加量能够提高肌肉粗蛋白、粗脂肪含量，并且提高赖氨酸、必需氨基酸和氨基酸总量以及 EPA、DHA 和 n-3/n-6 多不饱和脂肪酸的含量，还能提高肌肉鲜味氨基酸的含量。肌肉必需氨基酸指数（EAAI）则在 2.0% 添加量时达到最大值，且试验组均高于对照组（表 4-24）。

表 4-24　添加太子参提取物与对照组大黄鱼肌肉的 EAAI 评价

（黄伟卿等，2020）

评价标准	对照	太子参 0.5%	太子参 1.0%	太子参 1.5%	太子参 2.0%
EAAI	68.79	72.27	75.23	72.97	79.03

以必需氨基酸指数（EAAI）来评定大黄鱼肌肉蛋白质的氨基酸营养价值，使用公式为：$EAAI = \sqrt[n]{\dfrac{Lys(t)\times100\cdots\times Val(t)\times100}{Lys(s)\times\cdots\times Val(s)}}$（$n$ 为比较必需氨基酸数；t 为待测样品蛋白质必需氨基酸的含量；s 为全鸡蛋蛋白质的必需氨基酸含量；Lys 为赖氨酸，Val 为缬氨酸）。

因此，推荐添加 0.5% 及以上的太子参提取物，对于大黄鱼肌肉营养品质及鲜味都有所改善。

2. 特殊脂肪酸的添加

在基础饲料中添加合适剂量的脂肪酸，能够从不同的方面改善大黄鱼肌肉品质（表 4-25）。共轭亚油酸（CLA）具有降低脂肪、抗癌、抗动脉粥样硬化、增强肌体免疫能力、改善骨组织代谢等多种独特的生理功能。在大黄鱼日粮中用 CLA 代替鱼油，添加水平分别为 1%、2% 和 4% 时对鱼体形、肉质、气味和滋味均有改善，特别是对肌肉 EPA 和 DHA 有显著提高（赵占宇，2008）。对比长链多不饱和脂肪酸、棕榈酸和油酸的功效，8% 棕榈酸能够降低肝脏和肌肉的脂肪水平，并推测可能是由于肌肉甘油三酯合成的降低和脂肪酸 β - 氧化的增加（严晶，2015）。与之相反，高油酸的摄入可能会导致大黄鱼肝脏脂质的过度沉积。另外，饲料中添加 30.80% 的 n-3 HUFA（主要来源于鱼油）也可在较短时间内降低肌肉的粗脂肪含量，提高肌肉粗蛋白含量（张振宇，2016）。

由此可见，CLA、棕榈酸和 n-3 HUFA 的适量添加均能够降低大黄鱼肌肉脂肪水平，避免脂质沉积，CLA 和 n-3 HUFA 还有提高肌肉营养水平的作用，前者还能够改善滋味和气味方面的品质指标。

表4-25 饲料添加脂肪酸对大黄鱼肌肉品质的影响

脂肪酸	添加量	试验天数/（d）	初始体重/（g）	形体改善	肉质改善	气味改善	滋味改善
共轭亚油酸（赵占宇，2008）	1%、2%和4%	70	150	降低肌肉脂肪含量	提高饱和脂肪酸、多不饱和脂肪酸（特别是 EPA 和 DHA），降低单不饱和脂肪酸	提高有特殊气味的醛酮类化合物含量	提高鲜味氨基酸、肌苷酸含量
棕榈酸（严晶，2015）	8%	70	151.0 ± 3.5	降低肌肉脂肪水平	−	−	−
n-3 高不饱和脂肪酸（张振宇，2016）	30.80%	21	260.60 ± 4.26	降低肌肉粗脂肪含量，提高粗蛋白含量	−	−	−

3. 针对体色改善的饲料添加剂

大黄鱼皮肤中的主要色素是黄体素，占总类胡萝卜素含量的一半以上，其次是金枪鱼黄素（30% ～ 40%），而玉米黄质含量最低，仅有 1% ～ 3%。目前，养殖大黄鱼体色普遍退化，以下研究针对这一问题，探讨不同添加剂对体色形成的影响（表4-26），为养殖大黄鱼的体色改善提供基础数据。

实验表明，饲料中姜黄素的最适添加量在 0.04% 左右（王进波等，2007）。姜黄素在皮肤和肌肉组织中的沉积随添加量升高，能明显改善大黄鱼的体色，具有较好的着色效果，能够改善大黄鱼的感官品质。类胡萝卜素是独特的多烯类色素，鱼不能自身合成，摄取不足将会严重影响养殖大黄鱼的体色。虾青素、黄体素、角黄素以及天然色素源虾壳粉的补充添加均能够起到改善体色的作用。有研究认为，大黄鱼能更好地利用黄体素，黄体素比角黄素能更有效提高大黄鱼皮肤的黄色值和类胡萝卜素含量，呈线性相关（易新文，2015；申豪豪等，2018）。而角黄素处理组的大黄鱼有更高的皮肤红色值，因此在角黄素和黄体素混合色素源中可以适当提高角黄素的比例。复合色素添加组具有更高的红色值，更接近于野生大黄鱼的体色（易新文，2015）。大黄鱼可将虾青素经黄体素和玉米黄质最终转化为金枪鱼黄素。黄体素∶虾青素为 1∶1 时，可以满足大黄鱼幼鱼的体色着色要求（易新文，2015）。此外，

12% 天然色素源虾壳粉的添加能改善大黄鱼的体色，且对大黄鱼的生长不会产生负面影响（易新文，2015）。维生素的缺乏也会干扰大黄鱼体色的正常形成。维生素 E 和虾青素同时补充有助于提高大黄鱼的体色，但两者无显著的交互作用（易新文，2015）。因此，姜黄素、类胡萝卜素和维生素 E 的适量添加有利于改善大黄鱼的体色，并且多种类胡萝卜素或者类胡萝卜素和维生素 E 的混合添加效果更佳。

表 4-26　改善大黄鱼体色的饲料添加剂

添加剂	添加量	试验天数（d）	初始体重（g）	体色改善
姜黄素（王进波等，2007）	0.04%	70	30	姜黄素在皮肤和肌肉组织中沉积，有很好的着色效果
虾青素（申豪豪等，2018）	80 mg/kg	63	163.20 ± 0.14	提高背部皮肤黄色值
黄体素（申豪豪等，2018）	80 mg/kg	63	163.20 ± 0.14	提高背部皮肤黄色值、腹部皮肤黄色值和总类胡萝卜素含量
黄体素 / 角黄素（易新文，2015）	25 ～ 50 mg/kg	56	13.83 ± 0.04	提高背部皮肤亮度值、背腹部皮肤黄色值、红色值、类胡萝卜素含量、皮肤 CIE 体色值，降低背部皮肤黑色素
黄体素 / 虾青素（易新文，2015）	37.5 ～ 37.5 mg/kg	56	13.80 ± 0.03	提高背部皮肤的亮度值、背腹部皮肤黄色、红色值、类胡萝卜素含量，降低背部皮肤黑色素、络氨酸酶活性
虾壳（易新文，2015）	12%	63	70.24 ± 0.20	提高皮肤体色值和类胡萝卜素含量，降低背部皮肤黑色素
虾青素 / 维生素 E（易新文，2015）	50 ～ 800 mg/kg	70	3.00 ± 0.01	提高大黄鱼背腹部皮肤亮度值、黄色值、腹部皮肤红色值、类胡萝卜素含量，降低背部皮肤红色值

使用太子参提取物、CLA、棕榈酸、n-3 HUFA 以及姜黄素、黄体素、角黄素、虾青素、维生素 E 作为饲料添加剂均可以帮助养殖大黄鱼提高品质，应根据适宜生长阶段和添加量合理应用，同时密切关注添加剂及药物残留对人类食品安全性的影响。

综上所述，养殖大黄鱼的品质较野生存在多方面的不足，应当改良基本营养素的配比并且添加适宜的功能性添加剂，开发专用功能饲料，以提升养殖大黄鱼的品质、营养和食用价值，提高养殖效益。

第五章
大黄鱼深水抗风浪网箱养殖技术

海水网箱养殖是目前我国海水养殖的重要产业之一。我国海水网箱养殖起步较晚，目前仍然以浅海内湾浮筏式网箱养殖为主。近年来，虽然从国外引进深水抗风浪网箱并加以国产化，但是许多技术还处在探索阶段。随着科学技术的发展，我国传统的网箱养殖逐渐向深水抗风浪网箱养殖发展，但是深水抗风浪网箱价格贵、技术要求较高、配套设施要求较完备，我国正处在对其技术引进、消化吸收改造的阶段，因而传统网箱在我国还占有较大的比例。据统计，2016 年海水养殖产业中，普通网箱的产量为 50.5 万 t，深水网箱的产量为 11.9 万 t。本章主要梳理我国深水抗风浪网箱养殖的现状与发展趋势以及大黄鱼深水抗风浪网箱养殖技术要点。

第一节 深水抗风浪网箱养殖现状及发展趋势

一、发展深水抗风浪网箱养殖的意义

随着生活水平的不断提高，人们对水产品的需求量不断增加。由于海洋自然鱼类资源日趋衰退，所以水产养殖业在我国沿海得到了迅猛发展，致使我国的近海内湾海域已处于高度的饱和状态，不少内湾海域已破坏了生态平衡，导致病害频发，产量下滑，效益降低，严重制约了我国海水养殖业的健康可持续发展。但是湾外广阔的深海水域资源受环境和技术条件的限制，长期处于荒废闲置状态。目前，我国已成功地研发出深水抗风浪网箱及配套养鱼技术，这为开发利用这片广阔的海域资源提供了可靠的技术保证，为这一新兴产业开辟了极其光明的发展前景。这一养殖业不仅是世界渔业的新生事物，也是渔业历史发展的必然。深水抗风浪网箱养殖业的发展，不仅可充分开发利用这些条件良好的深海水域资源，而且对缓解近海内湾压力，改善内湾海域生态环境，促进大批下岗捕捞渔民就业，促进我国海水养殖的可持续发展都具有重大的现实意义（张起信等，2007）。

二、我国深水抗风浪网箱养殖发展现状

由于国家和各级地方政府的重视，我国深水抗风浪网箱养殖业目前已如雨后春笋般在全国沿海迅速发展起来（宋敬德，2000）。尤其是福建、浙江、江苏等南方省份，各级地方政府出台了一系列优惠政策，鼓励扶持深水抗风浪网箱养殖业。所以发展异常迅猛。据不完全统计，目前福建省已发展到 4 000 多组（一组即一个配套网箱），浙江省 2 700 多组，广东、海南、山东等省也都在 1 000 组以上。青岛市预计 2005 年年底也可发展到 1 000 组。南方由于常年水温偏高，鱼类生长期长，适宜养殖的鱼种较多，所以发展深水抗风浪网箱养殖业优势较大。但由于台风影响较大，所以多发展沉浮式网箱。我国北方由于冬季水温偏低，只能养殖耐低温能力较强的地方鱼种，生长周期短，产量较低，所以，目前北方深水抗风浪网箱养鱼业发展势头不如南方迅猛。

三、深水抗风浪网箱养殖的主要特点和优越性

1. 具有较强的抗灾能力

目前，我国研发的深水抗风浪网箱不仅造价低，适于我国国情，具有良好的使用性能，而且都具有较好的抗风浪能力。实践证明，中国水产科学研究院黄海水产研究所与山东寻山水产集团公司联合研发的深水抗风浪网箱的抗风能力大于或等于 10 级，抗浪能力大于或等于波高 4 m。这为发展深水抗风浪网箱养殖业提供了可靠的技术保证。

2. 生产海域环境良好

目前，发展深水抗风浪网箱养殖业所使用的海域主要是等深线在 15 ~ 25 m 的湾外深海水域，这片宝贵的海域资源是块未曾开垦的"处女地"，这里海流畅通，水质洁净，理化因子正常而稳定，没有任何污染，是发展深水抗风浪网箱养殖业理想的海域。

3. 高密度、高产量

深水抗风浪网箱养殖的水域环境优越，其单位水体养殖密度较内湾可提高 50% 左右（郑岳夫等，2002）。以养殖六线鱼为例，5 m×5 m×3 m 的湾内老式网箱，单位水体养殖密度一般只有 20 尾 /m³，单箱产量 0.5 t 左右。而周长 50 m 的深水抗风浪网箱的养成密度可达 30 尾 /m³，单箱周期产量可达 16 t 以上。这相当于 30 多个老

式网箱或 1 000 m² 水体的陆地工厂化养鱼车间的产量。

4. 产品质量高、市场极为广阔

深水抗风浪网箱养殖是在水深流畅、水质良好的海域环境中进行的，没有任何污染，鱼类所摄食的饵料除人工投喂的配合饲料外，还能摄食部分的天然饵料。所以生产的活鱼其品质接近于自然的野生鱼类，是安全的绿色食品，深受国内外市场的青睐，其不仅价格高，而且一直处于供不应求的局面，所以该产业市场前景极为广阔。

5. 成本低、效益高

发展深水抗风浪网箱养殖业，虽然一次投资较大，但却具有使用周期长、耗能少、饵料利用率高和养殖成活率高以及生长快、周期短等诸多特点，使其综合生产成本明显低于老式网箱和工厂化养殖的生产成本。实践证明，只要管理得当，其生产成本一般不会超过 60%。一个周长 50 m 的大型网箱，周期产值都在 100 万元左右，利润在 40 万元左右，相当于 35 个老式网箱或 3 000 m² 水体的工厂化养鱼车间的生产效益。

四、深水抗风浪网箱养殖目前存在的问题

1. 海洋自然灾害的影响

海洋气象灾害如台风、龙卷风等，对深水抗风浪网箱养殖造成的损害很大。一般网箱设计的抗台风等级不会超过 12 级，级别大于 12 级的台风会严重损坏网箱。例如，"纳沙"和"尼格"两大台风给海南从事金鲳鱼养殖的企业造成 8×10^8 多元的损失，让海南深水抗风浪网箱养殖基地损失严重。"威马逊"和"海鸥"台风严重摧毁海南 1 000 多口深海养殖网箱，养殖品种全部被破坏，几乎全部死亡或逃逸。

2. 养殖网箱科技创新能力急需加强

目前，我国深海养殖网箱已基本上实现国产化，但是箱体材料、质量及相关设计理念上与传统的养殖大国差距较大。另外，科技创新需要较大成本，高科技的网箱养殖虽然在养殖效率方面有优势，但是高昂的费用与收益不能成正比，这严重阻碍了高科技网箱养殖的规模化推广。因此，急需发展符合不同省份养殖区域的实用性科技创新网箱。

3. 深水抗风浪网箱养殖基础科学研究依然薄弱

深水抗风浪网箱养殖的选址与规划是一项战略性的工作，我国不同海域的水域深度、海水流向及流速、季节水温等都各不相同，这无疑影响着养殖网箱以及鱼种的选择，另外，对于如何规划养殖品种的生物适应性、养殖密度等都是一门学问。在选址和规划方面，我国部分地区考虑不够充分，对生态环保及可持续发展方面思考不够，导致养殖效率较低。深海养殖实质上是利用海洋生物的生长发育规律进行再生产的过程，在此过程中涉及品种选择、饲养、鱼病防治、鱼种敌害防除、捕捞、运输等核心环节的支撑。在这些领域中，我国的基础科学研究还比较薄弱，导致养殖过程出现较多问题。

4. 深水抗风浪网箱养殖金融支撑体系亟待健全

高投入、高风险、高收益是深水抗风浪网箱养殖的主要特点。海洋养殖需要投入较大的成本，面临的风险较高，但相对收益较高。很多海洋养殖地区在成本较高且资金不足的情况下，出现了网箱闲置的现象，这主要是缺少相应的金融支撑体系，导致深海养殖产业发展缓慢。目前，这方面我国还处于探索研究阶段，主要是缺乏货币信贷金融支持、政策财税支持以及农业保险支持等。

5. 深水抗风浪网箱养殖产业化水平有待提升

我国深水抗风浪网箱养殖产业化水平还有待提高，从产业链横向和纵向方面来看，都存在不少问题。横向方面主要是管理水平及养殖区域之间的交流合作水平还有待提升，规模化经济还没形成；纵向方面主要是产业链的延伸能力还比较薄弱，产业前端与后端的长度还有很大的提升空间；从设计研发到产品服务整个环节的深水抗风浪网箱养殖企业为数不多，资源整合不足。

五、我国深水抗风浪网箱养殖发展对策

1. 提高海洋自然灾害预警能力

深水抗风浪网箱养殖应做好台风、寒潮等海洋自然灾害的预警措施，密切关注海洋预警警报，减少灾害带来的损失。当前中国气象局已投入建立多个海岛气象基站，但在技术连续性和精确性方面还需要进一步提高完善。提高海洋自然灾害预警能力，应从当地政府出发，做好海洋灾害预防应对措施，合作社和养殖户之间也应积极与

相关监测预报单位交流，获取最新的预报信息，在灾害来临前，提前做好网箱加固、鱼类转移等方面的应对策略。

2. 增强养殖网箱系统科技创新能力

深水抗风浪网箱养殖产业装备制造需要加强以工匠精神为主导的科技创新能力。例如，从研发企业方面来说，可以改进饲料回收系统，重复及多次利用，这可以借鉴海南养殖户的多层次回收网衣的自主制造创新理念，鼓励研发人员、养殖户在内的所有从业人员尊崇工匠精神，不断创新和突破，提高网箱科技创新能力水平。当前在网箱制造方面应着力解决深水抗风浪网箱系统问题，打造牢固、操作便捷、经济且实用的网箱系统。

3. 提升基础科学研究水平，建立科学支撑体系

为了提升基础科学研究水平，需要建立一套科学支撑体系，从科研政策引导、加大经费投入、建立考核机制以及科技创新平台等方面，开展针对深水抗风浪网箱养殖系统从科研到产品服务的综合规划及指标测度等科技专项攻关，解决关键性技术问题，推动相关成果转化应用。为了提高原始创新能力，我国深水抗风浪网箱养殖还需要联合科研机构、高等院校、大型渔业养殖集团对网箱系统研发平台的建设。

4. 健全深水抗风浪网箱养殖金融支撑体系，支持养殖实体经济发展

从挪威深水抗风浪网箱养殖规模与产量的成功案例可知，强大的金融支撑体系是推动养殖实体经济发展的重要保障。我国虽然已初步建立了深水抗风浪网箱养殖的金融体系，但是还需要不断健全和发展。健全深水抗风浪网箱养殖金融体系可以从金融信贷、税收优惠、保险金融3方面着手。我国相关银行也要给予货币信贷支持，开展融资租赁等新方式，政府给予财政税务政策支持，金融与财税政策结合，充分发挥杠杆效应，联合保险机构加大对产业的专项农业保险合作，在保险类金融合作方面可以借鉴中国太平洋财产保险股份有限公司海南分公司与海南养殖户合作开具台风指数保单的案例，保险公司根据海洋养殖区域的差异化等因素制定合理的费率，从而为我国深水抗风浪网箱养殖产业提供金融支持。

5. 重视科学规划，战略布局养殖生态链

深水抗风浪网箱养殖需要进行全局性的科学规划，不仅要在养殖规模及发展速度上进行控制，还要合理使用资源。善于总结主产区的养殖经验，平衡经济效益与

自然承载力的状态，提高养殖户及企业的积极性，提升海域利用率。我国已初步形成深水抗风浪网箱养殖产业链，但近海 30 m 等深线海域还有很多可以利用的空间。需要重视品牌、深加工、包装、立体化循环养殖和整体效益，进而实现养殖生态链的战略布局。

六、我国深水抗风浪网箱养殖发展建议

深水抗风浪网箱养殖系统应是往智能化、自动化、环保节能等方向发展，因此，我国深海养殖产业的发展，离不开现代化的海洋设施养殖生产模式。首先，需要提高深水抗风浪网箱的性能，高抗风浪、抗海流能力以及集可再生能源供给的新型网箱会成为趋势。抗风浪等级提升到 17 级，以及配置可再生能源发电系统的养殖网箱更受养殖户喜爱。其中，可再生能源发电系统是由太阳能、海流能、风能组成，太阳能系统及海流能系统分别是在深海养殖网箱平台上安装太阳能板、安装两台水轮机，实现能量转换。而风能是在平台上安装风机，通过电器控制室内部的能量转换系统，将风能转换成电能，通过海洋再生能源为网箱进行能源供给。其次，不断发展深水抗风浪网箱养殖技术。主要养殖技术包括自动化投饵、防逃防害等，自动化投饵可通过需求式自动投饵装置实现，利用养殖鱼群的食物需求的生理反应设置信号采集装置，当达到设定值便将饲料仓内的饲料喷出，实现自动投喂的效果。再次，加强苗种培养的强度，选择适合大规模养殖的苗种，通过建立不同鱼类品种的深海养殖技术标准，从而提高养殖成活率及经济效益。最后，完善相关产业配套，尤其是加工、流通领域，通过设计研发、苗种培育、网箱养殖、加工运输等形成完整的产业链，促进深水抗风浪网箱养殖产业可持续发展（叶婷等，2020）。

深水抗风浪网箱养殖是系统的、科学的养殖工程，不仅要注重网箱及配套设施的建设，而且水域及苗种的选取也十分重要。深水抗风浪网箱养殖在发展过程中会遇到许多问题，相关人员需要分析问题产生的原因，找到适合我国深水抗风浪网箱养殖发展的对策，从而更好地促进深水抗风浪网箱养殖产业的健康发展。

第二节　大黄鱼深水抗风浪网箱养殖技术

大黄鱼为我国沿海重要的四大经济鱼类之一，但是近年来由于长期酷渔滥捕，大黄鱼资源严重衰退，并已近枯竭，为解决人们对大黄鱼的需求，就必须发展大黄

鱼人工养殖。然而，由于养殖年份的延续、养殖规模的扩大和养殖密度的提高，导致了传统网箱养殖海区海水污染不断加重，养殖鱼类病害频发，生长速度减慢，最终导致经济效益不断下滑，严重影响了渔民的养殖积极性。为此，通过大黄鱼抗风浪网箱与传统网箱生长的对比试验，结果显示，抗风浪网箱随着近几年的发展和摸索，已趋于成熟，同时也显示出了它的优势：一是大大提高了海域利用率；二是养殖鱼类生长速度较传统网箱明显加快，且发病率低，体形较好，成色及品质更接近野生鱼，市场售价和声誉较好；三是饲料系数低，成本节约；四是抗风浪能力强，使渔业安全生产更有保障（王朝新，2012）。

一、养殖海区选择

选择水质条件好，水流畅通，海域常年水温在 10.5 ~ 30℃，海水比重在 1.020 ~ 1.023，pH 值为 8.0 ~ 8.5，透明度为 30 ~ 100 cm，流速在 2.0 m/s 以内。

二、养殖网箱

网箱是圆形浮式深水抗风浪网箱，网箱框架采用黄色的高强度聚乙烯塑料（HDPE）管，网箱周长 50 m，直径 16 m，深 8 m，网衣为聚乙烯无结网，网线 50 股，网目规格 5 cm。设置网箱的海区底质以泥或泥沙为主，网箱固定采用抛锚法，若底质显示出有足够的抓力，则网箱固定比较可靠。

三、箱体材料与安装

网箱的网衣、钢索等选用了高强度的棉纶丝和优质聚乙烯材料。框架系高密度聚乙烯材料；网衣经过了防腐处理，网目大小为 3 ~ 5 cm，无结节；网筋直径 16 ~ 18 cm，共 8 根，沿箱体横向均匀分布，纵向结扎，以承受箱体的沉浮力；沉降圈是由直径 15 cm、柔韧性较强的钢管制成大圆环，系结网筋下端，离网底缘 1 m，以使网箱在水体中保持垂直形态，维持箱体有效容积的效果较好（使用一段时间后，在清洗、更换网箱时有 2 个网箱沉降圈被拆除，网筋下拴系 35 kg 重的坠石代替）。

设置网箱的海域相对比较开阔，箱体始终处在海流的作用下，为了防止大潮汛时部分缆绳受力过于集中，应选择具有一定移动性的锚泊固定。每 4 口网箱为 1 组，网箱在水体中呈"一"字形布局（图 5-1），用 14 只锚，锚重 500 kg（含直径 30 cm

的大铁环 3 个）。主锚缆直径 4.5 cm，长 270 m；副锚缆直径 3 cm，长 110 m。

每个网箱均为圆柱体，周长为 50 m，高度为 10 m，有效养殖水体为 1 800 m³。每 1 组网箱设主锚 4 只，顺流平行搭设 2 条主锚缆，间隔 40 m；设副锚 10 只，分别垂直于主锚缆且平行搭设 5 条副锚缆，间隔 40 m。将网箱上纲系于网箱框架，分别系叉纲 8 条，每 2 根叉纲的一端集中在主、副锚缆交结处相系，网箱下缘各网筋下约 1.5 m 处系上沉降圈或坠石。

更换网衣时，将备用的空网箱与有鱼网箱靠近，在网衣边缘接近后绕缝，加附石使网衣连接处下沉 1 m，再将鱼类驱赶到更换的网箱中。一般按顺序更换，以便于能够达到相邻网箱的倒换，操作方便。换下的网衣被运输至岸上，晒干，清除附着物，修整后备用。

图 5-1　重力式网箱示意图（王朝新，2012）

四、鱼种放养

1. 放养前的准备工作

网衣下水前认真做好检查，如有掉线或破损应及时修补，网衣下水后，使网衣高出水面 1 m，并且在网衣周围均匀垂直吊挂 16 个沙袋，每个沙袋重约 30 kg，以固定网衣形状。一般情况鱼种养殖至成鱼需 8 个月的时间，在这段时间没有特殊情况，不需要换洗网衣，所以一般养殖过程挂 2 层网衣。

2. 鱼种来源

养殖的鱼种购买前一年春季全人工培育的鱼苗，经过近一年在小网箱（3.3 m×3.3 m×4 m）的培养，到 4 月时，大部分鱼种规格在 18 cm 以上，重量在 100～150 g，就可挑选规格相近的用大网箱养殖。

3. 养殖管理

饵料一般采用配合饲料或者定置网和拖网捕捞的小杂鱼和冰鲜杂鱼，绞成肉糜，并拌成黏性强的团状饲料，用手挤压成大小不同的块状物，投入网箱中。在投喂前及投喂中，要尽量避免人员的来回走动，否则将影响大黄鱼的摄食。饵料投喂量与鱼种的规格、海域的水温、天气、潮流等因素有关，投饵量合理与否，应以满足其摄食需要前提下，尽量不产生残饵为宜。高水温季节每日投喂两次，投喂时间为上午 5:00 ~ 7:00 及下午 4:00 ~ 6:00，冬季低水温季节只在下午投喂一次。高温期，可在饲料中添加一定比例的维生素、酵母粉、保肝制剂等添加物，并可部分采用粉状配合饲料或浮性膨化饲料喂鱼效果也不错。

4. 病害防治

网箱养殖过程中，病害的防治依然是预防为主、治疗为辅。鱼种入箱前要经严格消毒，严防病鱼带入网箱；新鲜饵料要经消毒后投喂；定期清洗网箱，并将洗好的网箱在阳光下曝晒 2 ~ 3 d；保持水流畅通、水质清新、做好药物预防、定期对网箱及其周围水体进行药物泼洒；发现病鱼、死鱼，及时隔离治疗或处理。同时，在养殖过程中，应在饲料中额外加入有防病、助消化作用的添加剂，如大蒜素、维生素 C 和益生菌等，提高大黄鱼抗病能力和生长效果。

第六章
大黄鱼围栏养殖技术

第一节　我国海水围网养殖的现状及发展趋势

　　海水鱼类养殖是我国水产养殖的主要产业之一，近年来，随着水产养殖装备与技术的发展，我国海水养殖业发展快速（徐皓等，2007；王东石等，2015）。海水养殖业的高速发展也带来了诸多问题，如养殖水体污染，鱼病多发，养殖水产品的质量安全等（苗卫卫等，2007；张彩明等，2012）。因此，改善和恢复海水养殖的生态环境，提高养殖水产品的质量等已成为海水养殖业乃至整个水产养殖业急需解决的问题（苗卫卫等，2007；张彩明等，2012）。通过改善和改进水产养殖的设施装备和养殖方式，开发可利用的深海养殖水域，进行低密度，无药品使用的生态养殖模式，提高养殖鱼类的品质，可作为水产养殖健康发展的一条重要途径（方建光等，2016；黄一心等，2016；徐皓，2016）。目前，我国的海水养殖设施主要分为网箱，浮式养殖筏，陆地养殖工厂及围网养殖设施等（徐皓，2016）。本节主要梳理了我国海水围网养殖的主要类型及其未来发展趋势。

一、浅海及滩涂围网养殖设施

　　浅海及滩涂围网养殖主要是利用滩涂和浅海等资源采用网围与围栏等手段进行水产养殖作业，对比网箱和浮式养殖筏，围网养殖的养殖水体大，养殖密度低，且底部是海底，是一种介于养殖与增殖之间，接近自然的生态养殖方式（缪伏荣等，2006；徐君卓，2007；江国强，2011）。此类设施通常设置于滩涂的中、高潮位或港湾浅海区，因此也分为滩涂低坝高网养殖和港湾围网养殖。滩涂低坝高网主要包括堤坝、固定桩、围网和蓄水池3个部分，涨潮时淹没于水下，退潮时蓄水池内保持一定水位，围网高于水位用于拦鱼。堤坝主要为土坝或混凝土坝，固定桩主要是直径6～10 cm的毛竹，围网的网衣材料多为聚乙烯网衣（缪伏荣等，2006；徐君卓，2007；江国强，2011；叶卫富等，2011；张家新等，2012），见图6-1。

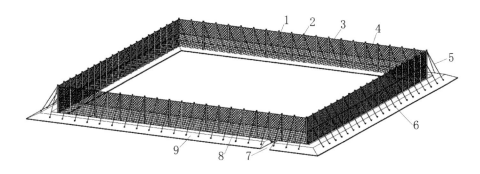

图 6-1　滩涂低坝高网养殖示意（王磊等，2017）

1. 固定桩；2. 桩头；3. 钢绳；4. 上层网；5. 固定绳；6. 竹削；7. 闸口；8. 下层网；9. 堤坝

　　滩涂围栏养殖设施的结构强度不高，因此选址时需要避开强潮流和台风等袭击，由于设施建造于滩涂等地，设施内容易淤积泥沙，需要不定期地清理淤泥，并对堤坝和桩栏进行维护加固，在使用一段时间后，根据实际情况更换网衣和固定桩等（徐君卓，2007）。

　　港湾围栏养殖的选址需要选择水流交换通畅，潮差和风浪较小的港湾，建造时多以栅围为主，筑堤为辅，网衣材料为高强度纤维网衣或金属网，并需要有效的防污损生物附着措施。在实际应用中，由于受到海水潮汐、风浪、水深、附着物和地质等诸多因素的限制，其技术难度远大于湖泊和河道内的围栏养鱼，加之前期纤维渔网防污技术及金属网腐蚀等条件的约束，港湾围栏养殖多作为理论及试验阶段，较少见于生产（徐君卓，2007）。

二、柱桩式围栏养殖设施

　　围栏养殖属于围网养殖，围栏是在围网的基础上增加桩栏作为网围的支撑。大型围栏养殖是指在一定海域通过柱桩和坐落在海底的网衣围栏一定面积的海域进行集约化鱼类养殖的一种模式。目前大型围栏养殖的主要形式有 4 种：一是毛竹或玻璃钢柱桩＋聚乙烯网衣；二是钢筋混凝土柱桩＋高强度网衣；三是钢筋混凝土柱桩＋铜合金网；四是钢管柱桩＋铜合金网。因毛竹或玻璃钢强度和韧性有限，以此为柱桩的围栏只适用于风浪较小、水深较浅的海域，养殖面积也不宜过大（刘家富，2013），另 3 种大型座底式围栏是近几年发展起来的养殖新形式，适宜在外侧岛屿的较深海域进行大面积养殖，有较大的发展潜力（陈恒等，2015；王磊等，2017；

李明云等，2019）。在此主要以铜合金围栏养殖设施为例进行阐述，该设施利用钢筋混凝土桩或钢管桩作为固定桩支撑，围网网衣采用铜合金编织网连接超高强聚乙烯网衣（王磊等，2017），目前设施建造的海域水深一般在 10～30 m，布局形式根据建造海域情况各有不同，设施的整体结构强度较高，抗风浪性能好。

我国目前已建成此类柱桩围栏养殖设施多处，主要分布于浙江和山东沿海。2012 年，我国首个大型柱桩式铜合金围栏网养殖设施于浙江台州大陈岛海域建成并投入使用（图 6-2a），该设施为周长约 360 m 的正八边形布局，固定桩采用混凝土柱桩，围网由上部超高强聚乙烯网衣与下部铜合金编织网组成；2013 年，大陈岛海域建成我国第二个柱桩式铜合金网衣围栏网（图 6-2b），设施为圆形布局结构，周长约 380 m，设施的固定桩为钢管柱桩，内外圈双排布局，外圈防护网衣为超高分子量聚乙烯网衣，内圈网衣由铜合金编织网与超高强聚乙烯网衣连接组成（陈恒等，2015）；2016 年，大陈岛海域建成我国目前最大的铜合金围栏网养殖设施（图 6-2c），设施布局为矩形，周长约 720 m，柱桩为钢管桩，网衣由上部超高强聚乙烯网衣及下部铜合金编织网组成。

（a）

（b）

（c）

图 6-2 八边形（a）、圆形（b）、矩形（c）围栏养殖设施
（王磊等，2017）

柱桩式铜合金围栏网养殖设施结合了铜合金网衣的特性以及海岸桩基工程技术，同时，养殖技术的发展以及良好的水产品市场需求都为此设施的建造和发展提供了基础。围栏设施的建造使用为企业创造了良好的经济效益，也因此得以推广和发展，设施的结构从柱桩的设计建造到围网的连接技术等都在不断改进。

1. 围网的结构组成

围网由 3 部分组成，上部与下部为超高强聚乙烯网衣，中部为铜合金编织网（石建高等，2013），如图 6-3。

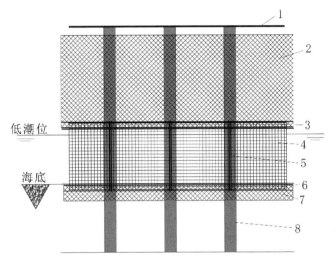

图 6-3　固定桩及围网结构示意图（王磊等，2017）

1. 桩桥；2. 防逃网；3. 围网上部与中部连接；4. 铜合金编织网；

5. 围网与固定桩的连接；6. 围网中下部连接；7. 底网；8. 柱桩

围网上部防逃网网衣材料通常选择强度高的超高分子量聚乙烯网衣，其规格和网高根据设施的整体设计而定，目前常用的网衣网目长度为 4 ~ 6 cm（图 6-4a），网衣的高度需要根据建设海域的水深和桩高确定。此部分网衣在低潮时会全部露出水面，涨潮时会有部分高度被海水淹没，其主要作用是在涨潮时防止鱼类逃逸，因此也可称作防逃网（石建高等，2013；陈恒等，2015）。

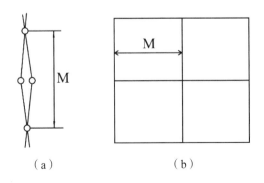

（a）　　　　　　　　　　（b）

图 6-4　聚乙烯网衣（a）与铜合金编织网（b）网衣网目（王磊等，2017）

注：M 为网目尺寸。

围网的中部采用铜合金编织网，也是围网水交换及围鱼的主要部分。铜合金网衣自 20 世纪 80 年代已开始在国外应用于海水养殖网箱，对比合成纤维网衣，铜合金材料的网衣具有结构强度高，抗海洋污损生物附着等特性，同时铜材料也具有耐海水腐蚀，抑菌等特性（李振龙，2015；张志新等，2015；Maria et al., 2014；Kalantzia et al., 2016；Andrew et al., 2013, 2015），铜网衣的抗生物附着特性保证了其透水性，降低了网衣水阻力，提高了设施局部和整体的抗风浪性能，解除了早期围栏养殖设施围网材料的局限性（聂政伟等，2016）。目前选用的铜合金编织网丝径为 4 ~ 5 mm，网目尺寸为 4 ~ 5 cm（图 6-4b）。网衣的高度根据建设海域的低潮水深确定，通常设计为网衣上缘高于低潮位 1 ~ 2 m（石建高等，2013；陈恒等，2015）。

2. 网衣的连接与固定

网衣的连接主要包括上中部连接，围网与固定桩之间的连接，围网中下部连接及底网与海底之间的连接与固定（石建高等，2013）。

为增加连接处的强度，上下纤维网衣与中间铜网衣的连接处需要重叠 30 ~ 50 cm，并通过固定网缘的钢绳进行连接（石建高等，2013）。围网网衣与固定桩的连接目前主要有两种方式，即整体式围网网衣与固定桩的连接及分段式围网网衣与固定桩的连接，两种方式的技术原则是保证围网网衣与固定桩之间的牢固和防摩擦（石建高等，2013）。围网底部的纤维底网是用于围网在海底的固定，根据泥层厚度，纤维网衣一般需要埋入底泥中 50 ~ 100 cm，防止鱼类钻泥逃逸（石建高等，2013；陈恒等，2015）。设施在后期使用时需要在低潮时或通过潜水员经常检查，发现有破损迹象时能及时修补。

3. 固定桩及其建造

目前，围栏养殖设施的固定桩主要是混凝土桩和钢管桩，桩的直径范围为 0.6 ~ 1.2 m，钢管桩的壁厚在 10 ~ 20 mm，桩间距在 4 ~ 6 m，桩规格及桩间距的确定需要以设施的结构强度与设施整体布局要求确定。混凝土桩即钢筋混凝土灌注桩，其特点是节省钢材，造价低，可根据强度需要塑筑不同规格的固定桩，但对海上建造技术要求较高，费时较长（欧国原等，2015）。钢管桩为预制桩，特点是强度高，挤土影响小，建造较为方便（刘振威，2016）。在钢管桩的内部浇筑混凝土可以进一步提高桩的强度（赵云霄等，2013），可作为围栏柱桩强度设计的参考，同时也需要参考建设海区的地理与海况等环境条件，结合设施的整体建造与布局方案进行合理设计。

对于单根固定桩，以海底平面为基准可分为两部分，上部高度根据水深及养殖需求设计决定，一般在十几米以上。泥下部分需要根据海底地质及施工要求决定深度。固定桩的建造参照各种类海洋柱桩的施工方案和相关标准规范等进行建造施工，建造完成后由相关部门进行验收。

4. 设施的布局

围栏养殖设施布局根据养殖海域的使用规划及养殖管理需要设计制定，布局的整体形式没有固定参照，目前的此类设施基本都建造于靠近岛岸的开放海域，受海域地理等局限较小，因此布局形式多样，有圆形、方形和多边形等，其布局形式主要是考虑养殖规划区的合理利用及养殖管理规划的需求，设施内部围网布设边界以圆形或椭圆形较好，方形布局及内部网栏隔断等折角处的围网布置宜平滑过渡，以适应鱼类沿网衣边界巡游（葛彩霞等，2016）。虽然布局形式多样，但总的布局结构主要划分为围栏养殖设施的外围框架，内部养殖区隔断以及养殖操作平台等（石建高，2013），以圆形围栏设施为例，如图6-5。

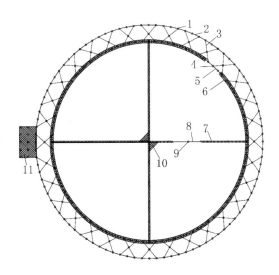

图6-5　圆形围栏养殖设施整体结构示意图（王磊等，2017）

1.外圈固定桩 2.外圈防护网 3.内外圈支撑连接 4.内圈固定桩 5.内圈围网 6.内圈步行道
7.隔断栏步行道 8.隔断拦网 9.隔断固定桩 10.中心养殖操作平台 11.设施养殖管理平台

5. 铜合金围栏网设施养殖利弊分析

柱桩式铜合金围栏网设施养殖作为一种较新的生态养殖模式，可以在很大程度上避免养殖污染等问题，同时提高养殖鱼类的品质，具有良好的经济效益和生态效益，对比传统的高密度近岸和滩涂养殖，其优势明显。我国的铜合金围栏网养殖设施经过近几年的发展和完善，围栏设施的结构设计与建造技术有了较大的提高，但由于发展时间较短，仍存在发展空间。存在的问题主要体现在以下几个方面。

（1）围网网衣的结构与连接技术不完善。实践证明，网衣的连接处仍是整个设施结构的薄弱点，需要工作人员经常检修。

（2）固定桩的强度设计和布局规划不完善。目前固定桩的强度设计和规格选取没有依据，且固定桩的布局很少考虑设施整体和局部的受力，在设施的迎流面等受力较大的部分没有加强结构的设计，因此其布局合理性还需要提高，以进一步增强其抗风浪能力。

（3）养殖模式的建立与管理不完善。作为一种新型的生态养殖模式，铜合金围栏网养殖需要有明确的目标及养殖管理方式，目前的设施养殖模式定位不够明确。作为养殖高附加值鱼类的生态养殖模式，不应为追求经济效益增加养殖密度和饵料投喂量，如此不仅降低了养殖鱼类的品质，增加鱼类病害，也对设施和环境造成了压力，是舍本逐末的不当做法（刘连庆，2014）。

鉴于上述存在的问题，围绕技术改进与发展需求，后续应重点开展如下几个方面的研究工作。

（1）优化改进围网网衣的结构设计及连接技术，在保证网衣结构强度的基础上，研发快速牢固的网间连接技术，提高围栏网设施的网衣结构强度。

（2）通过试验及数值模拟等方法研究设施的受力，为设施整体和局部的强度设计提供依据，同时也为设施的强度布局提供依据，合理利用资源设计建造更为安全的围栏设施。

（3）围栏设施养殖模式及养殖管理体系的研究确立，为行业的规范发展提供指导。

（4）围栏设施配套技术装备的研制，包括围栏设施养殖监控及围栏养殖精准投喂等技术的研究。

三、加快发展我国铜网围栏设施养殖的重要意义

铜网围栏设施养殖是指利用广阔的浅海海域空间，实现鱼类健康、优质、高产的一种规模化、集约化高效养殖模式。加快发展我国铜网围栏设施养殖，对推动我国渔业转方式调结构、促进海洋渔业持续健康发展和实现提质增效、减量增收、绿色发展、富裕渔民的目标有着十分重要的现实意义（王新鸣等，2017）。

1. 拓展水产养殖发展空间的客观需要

经过多年的发展，我国率先完成了渔业由捕捞业向养殖业的转变，水产养殖产量占全国水产品产量的74.5%，占全球水产养殖产量的80%，为水产品安全有效供给和海洋渔业可持续发展做出了重要贡献。但是，由于受科技进步的影响，养殖水域利用局限于内陆水域、陆基和滩涂，广阔的浅海利用率较低，特别是深海还处于尚未开发"处女地"。铜网围栏设施养殖依靠科技进步，运用海洋工程、机械设备、新型材料等，突破浅海养殖设施和技术门槛，形成优质蛋白质的"蓝色粮仓"，为保障食物安全提供了广阔的发展空间。

2. 改善水产养殖产品品质的迫切要求

总体上讲，我国水产品供给总量充足，水产品人均占有量约50 kg，但供给和需求不对称矛盾加剧，优质产品供给仍有不足，大宗品种供给基本饱和，部分产品价格长期低迷，一些产品价格出现剧烈波动，致使生产成本持续攀升、渔业比较效益下降。与传统水产养殖不同，铜网围栏设施养殖是仍供给端发力，突破了传统的水产养殖模式和方式，增加了养殖鱼类的活动空间，显著提升养殖水产品质量安全和品质；突出了高经济价值鱼类品种养殖，增加了市场有效供给，满足了人民群众对优质高档水产品的需求，是推进渔业供给侧结构性改革的重要方向，也是实现提质增效、富裕渔民的重要抓手。

3. 推动水产养殖健康发展的有效途径

我国水产养殖在快速发展的背后，也存在发展方式粗放，不平衡、不协调、不可持续问题非常突出。水产养殖经营体制分散，养殖水域布局不尽合理，致使局部水产养殖容量超过了环境的承载能力。大量使用鲜活饵料、不合理的投喂施肥、滥用药物等不健康的养殖技术，加重了养殖的自身污染。受经济利益驱使，养殖尾水处理设施建设滞后，造成养殖废水直排时有发生。同时受陆源污染、交通航运和海

洋工程建设等社会经济活动影响，养殖水域环境污染不容乐观。相对于内陆水域、陆基、近海滩涂，浅海的养殖容量大，养殖水质和环境无污染，海洋生态系统自然净化能力强，适合鱼类生长繁殖，加上铜网围栏设施养殖是一种健康、优质、高产的规模化、集约化高效养殖模式，对海洋环境影响小，彻底解决了近岸和港湾狭小空间范围内带来的产业冲突、生态损害、病害风险、质量安全等一系列问题，有利于保护近岸海洋生态环境和实现水产养殖业绿色发展的"双赢"。

第二节 大黄鱼围栏养殖技术

目前，我国大黄鱼养殖主要集中在福建和浙江沿海地区，年总产量达到 20 万 t 的规模。普通网箱养出来的大黄鱼普遍存在体形短粗、肉质粗糙、品相不佳的缺点。大黄鱼围栏养殖主要利用大水面、自然水流等养殖环境的改变，使鱼多运动，同时加强饲料的投喂和营养管理，提升鱼的金黄体色、改善营养风味，真正实现了大黄鱼养殖的提质增效。

一、大黄鱼围栏养殖的不同形式及其饲养效果

李明云等（2019）为了解大黄鱼大型座底式围栏养殖的不同形式和管理的效果，在详细介绍围栏结构和饲养管理技术的基础上，对养殖效果进行了比较分析。

1. 围栏设施

（1）钢筋混凝土柱桩＋高强度网衣围栏：以外径 40 cm，壁厚 9.5 cm，长 20 m 的圆柱形钢筋混凝土管为柱桩，可建在落潮时水深保持 6 m 左右的海区，柱桩打入海底 8 m 左右，柱桩间隔 5 m，在柱桩上敷设高强度网衣围绕海区，网衣埋入海底约 50 cm。此养殖形式围栏设置在温州鹿西岛的西南侧海区，围栏面积 12 000 m²，隔成 4 仓，每仓约 3 000 m²。

（2）钢筋混凝土柱桩＋铜合金网围栏：柱桩与（1）相同，先在柱桩间构建一个用于固定铜合金网，并固定于柱桩的钢丝绳框架，将铜合金网固定在框架内侧，铜合金网下端埋入海底 5 ～ 10 cm、上端至大潮时的低潮水位线，铜合金网的上、下均接以高强度网衣，下端的高强度网衣埋入海底 30 ～ 50 cm，上端的高强度网衣需高出大潮时的高潮水位线 2 ～ 3 m。在柱桩上拉紧并固定的钢丝绳框架的作用是减少

铜合金网在水流作用下摆动产生金属疲劳而断裂。海底和水位线以上部分使用高强度网衣而非铜合金网可节约建造成本。此围栏养殖形式设置在台州大陈岛浪道门海域，围栏面积约 10 000 m²，隔成 2 仓，退潮时围栏内水深约 4.5 m。

（3）钢管柱桩＋铜合金网围栏：以外径 1 m，壁厚 0.8 cm，长 20 ~ 30 m 的圆柱形钢管为柱桩，钢管桩外侧需涂聚乙烯树脂以防锈和绝缘，钢管柱桩打入海底 10 ~ 15 m，柱桩间隔 5 m。铜合金网布置与（2）相同。该养殖形式建造在大陈岛猪腰屿海域，是总结了其他养殖形式存在问题后建造的，而且制订了相应的养殖规范。2016 年年底建成，围栏面积 25 000 m²，共隔成 5 仓，每仓约 5 000 m²，退潮时围网内水深 7 ~ 8 m。

2. 放养准备

（1）清除网衣附着物：化纤网衣容易被苔藓虫类、大型藻类和贝类等生物附着，特别是在附着生物较多的海域，导致网目堵塞、网箱内水体交换减少、网衣易破损，还会引起鱼体擦伤，因此需在每年 5 ~ 6 月放养鱼种前清除网衣附着物。铜合金网通常不会有附着物。

（2）吸除海底淤泥：海区经过几年养殖后底部就会有粪便和残饵等沉积形成的淤泥，特别是发生过严重病害的大围栏中的死鱼沉积在海底，积累大量病原，因此放养前要进行吸淤，通常用吸泥（沙）船清洁海底。

（3）消毒：在水较深的外侧海域一般难以消毒，水较浅的围栏可向底部直接投放生石灰进行消毒，用量为 1 m 水深使用 1 000 kg/hm²。对露空网衣可用生石灰水（或 50 ~ 100 mL/m³ 福尔马林）进行喷洒消毒。另外，对发生过白点病的大围栏底部要重点消毒以杀灭底部胞囊释放的刺激隐核虫幼体，方法是将硫酸铜和硫酸亚铁合剂（固体最好）放入壁上钻有小孔的矿泉水瓶中，用绳将瓶串起来沉入海底，通过药物缓慢释放来杀虫。

（4）检查网衣：仔细检查网衣有无破损或松动之处，及时进行修补和加固。对于铜合金网，要重点检查铜网拼接处、铜网与高强度网衣连接处是否牢固，还需检查铜网与钢管桩、钢丝绳框架的接触之处是否绝缘良好。

3. 鱼种放养

落潮时水深保持 4 ~ 6 m 的海区，规格 250 ~ 300 g/尾鱼种，一般放养量为 60 ~ 100 尾/m²，可根据环境条件（水深、流速等）、鱼种规格、商品鱼所需达到规格及养殖管理技术水平等因素调整放养量。鱼种应体形体色好，无病无伤。建议放养经过选育的优良品种，如从岱衢洋大黄鱼选育而来的国家水产新品种"东海1号"大黄鱼。有条件的单位可自行培育放养鱼种，如果是外购苗种要进行检疫，并要提前去培育单位了解鱼种的背景和育苗情况，观察生长和健康状况。

4. 饲料投喂

鱼种放养后 24 h 内要密切观察，2 d 内不必投饵，让其自由活动，从第 3 天开始进行为期 2 d 的饲料驯化。饲料有小鱼、小虾（放养后饲料驯化时使用）及软颗粒饲料（生长适宜期投喂）和人工颗粒饲料（鲜料不足和夏天投喂）。一般在每天 6:00 和 18:00 各投喂一次。注意观察投喂后鱼的摄食情况，可根据潮水、天气、摄食状况改为每天投喂一次或投喂 3 ~ 5 d 停 1 d。日投饵量为鱼体重的 10%，为获得更好的体形，当鱼达到一定规格后日投饵量逐渐减少为 5% ~ 3%、0.6% ~ 0.3%，并在起捕前 1 个月停止投喂，停止投喂前的 20 d 可改喂鲜活料。水温低于 15℃ 时也可停喂。投喂方法：小鱼、小虾人工散投，湿颗粒饲料可将鲜料和粉料按 1 : 1 混合放入挤压和投放一体机投喂，人工颗粒饲料采用人工投喂。不同的养殖形式采用不同的投喂方法，人工投喂采用"慢、快、慢"方法，机械投喂凭经验投喂，一般达到七分饱停喂。

5. 病害预防

围栏养殖病害以预防为主，防重于治，主要增强鱼体自身免疫力，一旦发病则难以治愈。目前主要病害有白点病（6—8 月）、内脏白点病（3—4 月）和白鳃病（10—11 月）。预防由刺激隐核虫引起的白点病，可在该病高发季节用蓝、白片挂袋：将蓝片（杀虫 1 号）和白片（农康宝 1 号）捣碎后用 60 目筛绢网包扎吊挂在涨潮和退潮口处，每 20 m² 挂 1 片，尤以晚上挂为佳。挂袋法主要用于聚乙烯等网衣围栏预防刺激隐核虫。也可在饵料中添加投喂免疫增强剂增强鱼体抗病力，如肽聚糖免疫增强剂（100 ~ 500 mg/kg）+ 维生素 C（28 mg/kg）+ 维生素 E（92 mg/kg），连喂 3 ~ 5 d，15 d 后再次投喂。对细菌性疾病的预防主要是投喂防病药物，如每 50 kg 饲料添加大蒜素粉 1 ~ 2 g 或土霉素 10 ~ 15 g，连续投喂 3 ~ 5 d。投喂含福尔马林的鲜活饵料是白鳃病发生的原因之一，因此要把好鲜活饵料的质量关，杜绝投喂含福尔马林的鲜料。

6. 日常管理

首先，要做到每天早、晚定期巡栏以及日常勤巡栏，随时观察网衣、柱桩和进出水流状况，如果某处水流有异常则可能网衣有破损，及时清除杂物和附着物，有些海域 15 d 就要清除 1 次。其次，要做好日常的水质检测和投饵、摄食情况记录，定期对鱼进行生长测量，以便及时发现问题并寻找原因。

浙江沿海受台风影响较大，每年都会有台风经过或登陆，因此要做好防台抗灾工作。台风来临前要清除各种附着物以减轻台风下的受力。认真仔细地检查网衣有无破损以及埋入海底下部分是否牢固，发现问题及时处理。清除水泥柱桩或钢管柱桩围栏操作平台上的所有杂物。

7. 不同围栏养殖形式抗台风性能比较

2013—2018 年，台风对 3 种围栏养殖形式的影响见表 6-1。2013 年建成的钢筋混凝土柱桩铜合金网围栏，第一年养殖就被台风刮断数根柱桩导致鱼全部外逃，通过在外圈用钢管柱桩加固，2015—2018 年才免受台风的影响。而钢筋混凝土柱桩防弹衣网围栏，由于钢筋混凝土柱桩抗风浪的强度较差，加上防弹衣网衣附着藻类后增加了阻力，2016—2018 年每年受到台风影响，直至整排柱桩被毁。钢管柱桩铜合金网围栏，近几年来未受到台风影响。2017 年和 2018 年平均单位产量达到 27 kg/m^2。

表 6-1　台风对大黄鱼大型座底式围栏养殖不同形式的影响

（李明云等，2019）

围栏养殖形式	影响
钢筋混凝土柱桩防弹衣网围栏	2015 年建成，2016 年受 14 号"莫兰蒂"台风外围影响，吹断 1 仓 2 根柱桩，鱼破网而逃；2017 年 18 号台风"泰利"吹断 2 仓数根柱桩，鱼破网而逃；2018 年受 14 号"摩羯"台风袭击，吹断围栏整排柱桩破网而逃
钢筋混凝土柱桩铜网围栏	2013 年建成，当年放养，受 23 号强台风"菲特"影响，吹断数根柱桩，鱼全部逃掉；2014 年重建，在外圈采用钢管柱桩进行加固防台和防撞；2015—2018 年虽然受到台风多次影响，均未受到影响
钢管柱桩铜网围栏	2016 年年底建成，2017—2018 年养殖期间，遭受多次强台风袭击，安然无恙，2017 年平均单位面积产量达到 33 kg/m^2，2018 年产量为 21 kg/m^2

8. 大黄鱼放养量与产量的关系分析

由表 6-2 可见，不同的放养量其产量也不一样，放养规格为 300 g/尾，放养量为 26 尾/m²，单位面积产量仅有 13 kg/m²，同样放养规格为 300 g/尾，放养量为 67 尾/m²，单位面积产量达到 30 kg/m²，规格偏小一些的为 275 g/尾，放养量为 104 尾/m²，单位面积产量为 36 kg/m²；而放养量为 400 尾/m² 的，由于密度太高，暴发寄生虫病而绝收。

表 6-2　大黄鱼大型座底式围栏养殖不同放养密度的产量

（李明云等，2019）

数据来源	放养规格 （g）	放养密度 （尾/m²）	单位面积产量 （kg/m²）	备注
星浪（2017）	300	26	13	2016 年发过病，不敢放多
星浪（2018）	250	45	18	收获时规格小，产量增加不多
大陈（2017）	300	67	30	放养量多，产量也高
大陈（2017）	275	104	36	放养规格偏小，产量增加不多
东一（2016）	200	400	0	密度太高，发病而绝收

注：1. 星浪为星浪水产养殖专业合作社简称；2. 大陈为大陈岛养殖有限公司简称；3. 东一为浙江东一海洋经济发展有限公司简称。下文同。

9. 养殖管理环节分析

大黄鱼大型座底式养殖不同管理情况的效果详见表 6-3。东一公司 2015 年虽然购入的鱼种未经过检疫，由于无病源带入，第一年养殖又重视养殖过程中的管理，获得了单位面积 40 kg/m² 的产量，是围栏养殖提供的产量中最高的；2016 年购鱼种时同样未经过检疫，但有病源带入，而且放松了饲养管理的各个环节，结果暴病而绝收。星浪合作社 2015 年养殖密度与东一公司基本一致，由于饲料投喂不足，产量远低于东一公司；2016 年星浪合作社虽未经检疫但有病源带入，由于病害防治措施及时，收获了 1/3 的产量。2018 年大陈公司的产量要比 2017 年产量低，只有 21 kg/m²，而 2017 年平均 33 kg/m²，这可能与第二年养殖未进行清淤消毒有一定关系。

表6-3 大黄鱼大型座底式围栏养殖不同管理情况的效果

（李明云等，2019）

数据来源	放养规格（g）	放养密度（尾/m²）	鱼种检疫	管理措施	单位产量（kg/m²）	备注
东一（2016）	375	100	无检疫有病源带入	养殖第二年，管理放松	0	带来隐核虫病病源，暴发了刺激隐核虫病而绝产
星浪（2016）	275	41	无检疫有病源带入	病害防治等到位	4.1	虽带来隐核虫病病源，因防治及时，收获1/3产量
大陈（2018）	275	64	"东海1号"自育鱼种，经检疫	养殖第二年放养前未清淤消毒，其他管理措施到位	21	大陈为第一年养殖，第二年养殖产量降低
东一（2015）	275	100	无检疫无病源带入	养殖第一年，管理较重视	40	新防弹衣网衣，附着物少阻力小
星浪（2015）	300	100	无检疫无病源带入	饲料投喂等不够到位	28	鱼因饿致较瘦，体形好

10. 大黄鱼不同围栏养殖方式的综合分析

从近几年的实际养殖情况来看，"钢管柱桩＋铜合金网衣"围栏抗台效果较佳。以浙江遭受台风袭击的次数和强度来看，现用的钢筋混凝土柱桩强度尚不足抵抗强台风，温州鹿西岛的围栏已有惨痛教训。大陈岛海域的钢筋混凝土柱桩在近几年的台风中未受损，是因为2014年重建时在外圈将直径分别为32.5 cm和62.5 cm的钢管柱桩间隔打入海底进行了加固防台风和防撞。而钢管柱桩的围栏近几年都抵抗住了台风侵袭，未发生折断或破损。大黄鱼有集群的习性（刘家富，2013），大围栏的水体容量远大于传统小网箱，虽然理论上围栏面积越大可放养的鱼数量就越多，但放养的大黄鱼并不会在大围栏内均匀分布，而是密集在一起，容易造成局部缺氧以及水体利用率降低等问题，因此必须将大围栏分隔成多仓。从实际养殖效果来看，每一仓的面积控制在5 000 m²左右较为合适。此外，与超高强度网衣相比，铜合金网衣具有抑菌和防附着的作用，既可减少细菌性疾病的发生，又因水流阻力小而大大提高了抗风浪能力。铜网衣在大风大浪中不会像其他网衣那样发生大幅度摆动，可避免因大黄鱼体表擦伤而引发的细菌性或弧菌性病害（陈恒等，2015；聂政伟等，2016）。

苗种是养殖能否成功的基础，围栏养殖是将大规格鱼种养成品质接近野生的大黄鱼，目的是解决传统模式养殖的大黄鱼特殊腥味和口感不佳等问题，体形体色好、口感口味佳的大黄鱼既能满足消费者追求高品质的迫切需求，又能显著提高养殖经济效益，因此选择好的鱼种十分重要。有条件的单位争取自己培育，有利于降低成本和提高苗种质量。例如，台州大陈岛养殖有限公司采用宁波大学选育的"东海1号"国家级新品种（苗亮等，2014），实现了育苗、分阶段大规格鱼种培育、大围网仿生态养殖的一体化仿生态养殖链（李明云等，2017），培育出的大黄鱼体形好、体色黄，且生长速度快、生产成本相对较低，这一模式值得其他养殖单位学习借鉴。不具备自行育苗或培育大规格苗种的养殖单位，在从外单位购买鱼种时，要进行检疫并提前到供苗现场了解鱼种的遗传背景及健康状况，选择无病无伤、体形细长、体色金黄、规格合适的鱼种。建议从全产业链养殖单位购买苗种，这样鱼种质量更有保障。关于放养量，一定要根据环境条件（如水深、流速、水温等）、鱼种规格、商品鱼所要达到的规格和养殖管理技术水平等确定具体放养量。落潮时水深保持 4 ~ 6 m 的海区，规格 250 ~ 300 g/尾鱼种，一般放养量在 60 ~ 100 尾/m^2 为好。

刺激隐核虫病是大黄鱼养殖三大病害之首，一旦暴发极易引起大规模死亡甚至全军覆没。目前，对该病只能加强预防，发病后尚无有效治疗手段（周曦，2012；江飚，2016）。从温州鹿西岛和大陈岛两起刺激隐核虫病暴发案例来看，病源主要是从鱼种供应单位带入。因此，要预防该病发生第一是要从源头进行控制，通过鱼种检疫，杜绝带有病源的鱼种进入。第二是要彻底消毒，尤其是发生过刺激隐核虫病的围栏必须对设施及底质进行清理、消毒后才能再次放养。养殖单位创造的将硫酸铜和硫酸亚铁合剂（固体最好）放入瓶壁钻孔的矿泉水瓶中用绳串起放到水底的方法，使合剂缓慢释放，底部浓度可达到 0.01‰ ~ 0.02‰，能杀死沉在底部的刺激隐核虫胞囊孵化后释放出的幼体，而围网中养殖的大黄鱼主要活动于 1.7 m 以上水层，不会受到药剂的影响。第三是加强平时预防，目前主要采取物理和化学的措施，今后随着科学技术的发展将向安全高效的免疫方向发展（Zheng et al., 2018）。第四是要合理控制养殖密度，鹿西岛的大围栏 2016 年、2017 年养殖效果都不好的其中一个重要原因就是养殖密度过高。

二、大黄鱼围栏养殖技术规范

1. 海区选择

养殖环境应符合 NY 5362 的要求，养殖水域风浪小较小，底质稳定，潮流畅通，滩涂平坦且能避台风的内湾海区，底质为泥质或泥沙质，大潮汛最低潮位时，围网内的水位大于 3 m，深水网箱内的水位大于 12 m，流向平直，网外流速 1 ~ 2 m/s，经挡网后网内流速在 0.2 m/s 左右。海流和水位按照 GB/T 12763.2 观测。

水质应符合 GB 11607 和 NY 5052 的要求，无污染，pH 值为 7.85 ~ 8.35，最适盐度为 24.5 ~ 30（6.5 ~ 34.0），最适的生长温度为 20 ~ 28℃（适温范围 8 ~ 32℃），溶解氧 5 mg/L 以上，最适透明度 1 m 左右。

2. 围网设施

围网设施由围网、保护网、固定立柱桩、固定绳、斜拉桩等组成，固定设施安置、围网设置应符合 DB3302/T 163 规定。单个围网面积应大于 2 000 m²，形状宜为长方形或圆形，围网总高度必须高出该海区最高潮位 1 m 以上，上口敞开。

3. 鱼种放养

鱼种来源于持有国家发放的大黄鱼生产许可证的原种场或良种场，必须将鱼种进行检疫，不带内脏白点病、虹彩病毒病、刺激隐核虫病等病原，同时选择体质健壮、无病、无伤、无畸形、规格整齐的鱼种。需要可追溯鱼种来源，跨区调动须经检疫合格，应对鱼体进行消毒。鱼种场资质、检疫报告、消毒和检查记录等需要留档存放。

鱼种规格大于 200 g。具体规格应根据围网网目大小确定，以不逃逸为原则。放养时间一般为 5 ~ 6 月或者 10 ~ 11 月。选择在小潮汛期间及当天的平潮流缓时刻，低温季节选择在晴好天气且无风的午后，高温季节宜选择天气阴凉的早晚进行。放养密度一般小于或等于 1.5 kg/m³ 为宜，可少量混养鲷科鱼类和蓝子鱼等苗种。

4. 养殖管理

投喂饲料应符合 NY 5072 和 GB 13078 规定的要求。水温 20 ~ 25℃，大黄鱼摄食量大，生长快，日投量为鱼体重的 1% ~ 3%；越冬期间可以不投饵。根据潮流的流向选择投喂点；根据潮水流速尽量控制投饵速度，确保所投饵料全部被鱼摄食完。捕捞上市前停止投饵 2 个月以上。

建立养殖日志，记录内容包括放养鱼种产地、规格、密度以及每天的水温、盐度、透明度与水流等理化因子、投喂情况、摄食情况、生长情况、病害及用药情况、起捕、围网清理和维护情况等，发现问题应及时采取措施并详细记录。日常管理按照 GB/T 20014.23 执行。

利用水下机器人或者潜水定期进行检查，防止围网破损出现大黄鱼逃逸。如有破损及时修补。每月检查一次固定捆绑的钢绳，以防松动。每年检查一次加固柱桩。根据围网附着生物情况，采用高压水泵冲洗或者人工铲除的方法清洗围网，清洗间隔时间为 2 个月。

建立安全生产管理制度，包括交通船管理、养殖人员海上操作规范；建立海上养殖生活生产垃圾处理规范等。同时，确保养殖人员的人身安全。

5. 病害防治

鱼种放入前，要严格检验与检疫工作，必须进行内脏白点病、虹彩病毒病、刺激隐核虫病等病害的检疫。鱼种放入后，注意根据当地病害测报与预报，以"预防为主，防治结合，综合治理"的原则，优先采用免疫预防方法。

大黄鱼鱼病防治参照 NY/T 5061，使用药物应符合 NY 5071 的规定。大黄鱼常见鱼病治疗方法可参照表 6-4。

表6-4 大黄鱼常见鱼病治疗方法

鱼病名称	症状	治疗方法
肠炎病	病鱼腹部膨胀，内有大量积水，轻按腹部，肛门有淡黄色黏液流出。有的病鱼皮肤出血，鳍基部出血；解剖病鱼，肠道发炎，肠壁发红变薄	每千克饲料拌大蒜 1.0 ~ 2.0 g，连续投喂 3 ~ 5 d
体表溃疡病	病鱼体表皮肤褪色，鳃盖出血，鳍腐烂，有的在体表出现疖疮或溃烂。解剖病鱼，幽门垂出血，肠道内充满土黄色的黏液，直肠内为白色黏液，肝脏暗红色或淡黄色	每千克饲料拌三黄粉 30 ~ 50 g，连续投喂 3 ~ 5 d
弧菌病	感染初期，体色多呈斑块状褪色，食欲不振，缓慢地浮于水面，有时回旋状游泳；随着病情发展，鳞片脱落、吻端、鳍膜烂掉，眼内出血，肛门红肿扩张，常有黄色黏液流出	每千克饲料拌三黄粉 30 ~ 50 g，连续投喂 3 ~ 5 d

续表

鱼病名称	症状	治疗方法
本尼登虫病	本尼登虫寄生于鱼的体表皮肤，寄生数量多时病鱼呈不安状态，往往在水中异常地游泳或向围（栏）网及其他物体上摩擦身体；体表黏液增多，局部皮肤粗糙或变为白色或暗蓝色。严重者体表出现点状出血，溃疡，食欲减退或不摄食	淡水浸浴 5 ~ 10 min
瓣体虫病	寄生在大黄鱼的体表皮肤和鳃上，寄生处出现许多大小不一的白斑（白点）。病鱼游泳无力，独自浮游于水面，鳃部严重贫血呈灰白色，并黏附许多污物，呼吸困难，病死的鱼胸鳍向前但伸直，鳃盖张开	淡水浸浴 2 ~ 4 min；或每升海水加硫酸 10 ~ 12 mg，浸浴 10 min
淀粉卵涡鞭虫病	体表皮肤和鳍，病情严重的鱼肉眼看上去有许多小白点。浮于水面，鳃盖开闭不规则，口常不能闭合，有时喷水，呼吸困难，有时靠在固体物上、网衣上，摩擦身体	淡水浸浴 5 ~ 10 min
刺激隐核虫病	病鱼体表、鳃、眼角膜和口腔等与外界相接触处，肉眼可观察到许多小白点，严重时病鱼体表皮肤有点状充血，鳃和体表黏液增多，形成一层白色混浊状薄膜。病鱼食欲不振或不摄食，身体瘦弱，游泳无力，呼吸困难，最终可能因窒息而死	淡水浸浴 3 ~ 15 min。可以通过控制养殖密度，保持水流畅通等方法控制
内脏白点病	病鱼体表无明显异常，解剖可见肝、脾、肾有 1 ~ 2 mm 大小白点，死亡率较高	10—11 月提前投喂免疫增强剂及微生物制剂，连续投喂 5 ~ 7 d，停止投喂饲料 10 ~ 15 d，有助于抑制病原暴发
虹彩病毒病	病鱼头部、胸腹鳍条基部泛红，脾肿大，经 PCR 检测可发现虹彩病毒阳性	抑制病原进一步暴发，投喂多糖、多维等也有助于疾病恢复。放养鱼种需严格检疫

6. 捕捞收获

养殖时间超过 6 个月，体形修长，肥满度要求小于或等于 1.25，按 GB 5009.5 对粗蛋白质、粗脂肪进行检测，品质达到肌肉粗脂肪小于或等于 8.4 g / 100 g，肌肉粗蛋白质大于或等于 16.5 g / 100 g，达到商品规格时即可起捕。

采用罾网、大拉网、流刺网等工具进行捕鱼。宜在夜间进行起捕，保持大黄鱼正常体色，于 0℃保鲜冷库中保存。

冰箱包装上市，也可充氧活鱼运输上市。冰箱包装将起捕的成鱼放入冰水清除体表黏液，擦干后装入尼龙袋，然后将鱼腹部朝上有规则排装入泡沫箱，一般最多排 2 层，鱼上盖 3 ~ 5 cm 碎冰，打包运输。

第七章
深远海养殖
主要模式与装备

第一节　主要深远海养殖模式与装备

近年来，由于近海水域环境不断恶化，重金属、抗生素超标，水产品营养，肉质等品质下降，海洋渔业生产方式粗放等多种因素的影响，近海渔业资源逐渐衰退。国家海洋生态红线制度，禁止近海养殖无限制发展，导致我国的渔业发展空间受到了严重压缩和阻碍，水产品质量和安全问题也更加突出。因此，向深远海拓展新空间、挖掘优质蛋白的需求迫在眉睫，发展深蓝渔业已成为推进海洋强国战略、促进渔业升级转型的必然选择。海洋养殖必须走向深水，大力发展深远海养殖不只是承接近岸退养的权宜之计，更是经略海洋、加快发展养殖建设的重要抓手。本节主要针对深远海养殖的定义，国内外深远海养殖主要装备与模式等方面进行概括梳理。

一、深远海养殖的定义

在深远海渔业尤其是养殖业的定义上，麦康森、唐启升、徐皓等（徐皓，2016；麦康森等，2016；康启升等，2014；康启升，2017；刘晃等，2018）多名业内专家及青岛海洋科学与技术国家实验室（中国渔业经济，2016）、中国水产科学研究院（中国渔报，2016）、上海海洋大学和中国海洋大学（刘碧涛等，2018；马云瑞等，2017）等专业科研院校认为，深远海养殖指在远离大陆、水深20 m 以上的海区，依托以养殖工船为代表的大型浮式渔业平台等装备，并配套深水抗风浪网箱设施、捕捞渔船、能源供给网络、物流补给船和陆基保障设施所构成的，集工业化绿色养殖、渔获物搭载与物资补给、水产品海上加工与物流、基地化保障、数字化管理于一体的渔业综合生产系统，是"养－捕－加"相结合、"海－岛－陆"相连接的全产业链渔业生产新模式，其生产出深远海水产品，可为人们提供更多绿色、优质的深海营养源。

中国水产科学研究院东海水产研究所的王鲁民认为,符合我国国情的深远海养殖特征为:远离大陆岸线 3 km 以上,处于开放海域;水深 20 m 以上,具有大洋性浪、流特征;规模化设施,包括但不限于网箱、围栏、平台、工船等;具有一定的自动投喂、远程监控和系统管理等能力。

发展基于大型渔业平台的深远海养殖,关键是安全可靠的设施与装备以及生产系统的经济性、生产管理的工业化(刘晃等,2019;徐皓等,2016;康启升等,2014;孔可欣,2019;徐皓,2016)。深远海养殖装备设施包括浮式养殖平台、养殖工船和大型深海网箱。平台是深海水域、远离大陆或岛屿基站,以平台为核心,辅以捕捞渔获物周转、物资补给以及水产品加工、养殖饲料生产等功能。以养殖工船、大型渔业平台和深海网箱构建深远海养殖生产体系,是海洋渔业由近海转移至深海、由捕捞调整为养殖的"深蓝渔业"新模式。

二、国外主要深远海养殖装备模式

美国最早于 1990 年在得克萨斯州的近海岸开始探索深远海海水养殖,其直接将养殖网箱系泊在导管架平台的桩腿上。1997 年,美国进行了第二次深远海海水养殖探索,养殖网箱地点仍选在得克萨斯州中部海岸 54 km 外,作业水深为 40 m 的导管架平台附近,如图 7-1 所示。与第一次不同的是,这是美国首次商业规模的深远海网箱养殖尝试,网箱养殖系统所需的物品、食物、能源、淡水等必需品均由专用服务船提供,平台内设有养殖人员永久居住区、配备鱼料自动进料系统,网箱直径为 30 ~ 40 m,水深达到 15 m,是现在众多海洋牧场框架重力式养殖网箱(HDPE)系统的雏形。

图 7-1 位于得克萨斯州中部海岸 54 km 养殖网箱(邓炳林,2020)

世界渔业发达国家发展深远海养殖工程装备的主要途径是深水巨型养殖网箱和浮式养殖平台。成立于 2006 年的挪威水产养殖设备制造公司（AKVA），研发出多种养殖平台（图 7-2），并投入运营。

图 7-2　挪威 AKVA 公司的养殖网箱（邓炳林，2020）

在深远海区域为了避免受到水面风暴的伤害以及有毒水藻类生物的侵袭，因此半潜式的养殖结构是深远海区域普遍的选择。图 7-3，是美国 Ocean Spar 公司研发的半潜式养殖网箱。图 7-4 为俄罗斯 GosNIORH Leonid Bugrov 公司开发的 SADCO 系统，可以实现闭口式养殖网箱的部分或全部沉降。图 7-5 为挪威水产养殖公司 Kjell Lorentsen 开发的具有 20 个网箱可在 200 m 深海进行养殖生产的养殖专用工程船。

图 7-3　美国 Ocean Spar 公司的养殖网箱（邓炳林，2020）

图 7-4　球形笼式和张力腿式的养殖网箱（邓炳林，2020）

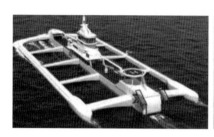

图 7-5　深远海养殖专用工程船（邓炳林，2020）

三、我国制造的十大深远海智能养殖装备平台

深远海养殖装备对养殖产业长远健康发展起到了重要的支撑作用。近年来，我国在深远海养殖装备方面已开展了诸多探索和实践，特别是在养殖装备的自动化和信息化方面也积累了一定的经验。深远海养殖在我国作为一种新兴产业，装备研发和养殖应用尚都处于起步阶段，因此，我国自主研发的深远海养殖装备在深远海水域实际应用过程中势必存在一系列问题，甚至有失败的案例。以下仅仅是从装备平台设计的层面，简要介绍了我国制造的 10 个深远海养殖装备（摘自 https://www.sohu.com/a/387054931_726570）。

1. "振渔 1"号

"振渔 1"号（图 7-6）海鱼养殖平台是福州市连江县与上海振华重工（集团）股份有限公司继"振鲍 1"号后合作

图 7-6　"振渔 1"号

的又一重大成果，是国内首部深海自动旋转海鱼养殖平台。"振渔1"号养殖平台呈橄榄球形，总长60 m，型宽30 m，养殖水体达13 000万 m³，预计年产优质商品海鱼120 t。主要由浮体结构、养殖框架、旋转机构3部分组成，可以将养殖区域向深海、远海延伸，一方面解决了近岸养殖带来的生态压力；另一方面也解决了养殖海域空间不足、养殖装备抗风浪能力差等问题。同时，"振渔1"号还拥有专利设计的自动旋转鱼笼，攻克了长期困扰海上养殖业的海上附着物难题，大大节约了养殖成本。

2. "海洋渔场1"号

"海洋渔场1"号（图7-7）是世界首座半潜式智能海上渔场，由中船重工武昌船舶重工集团有限公司（简称武船集团）总承包建造。该渔场直径110 m，总高69 m，空船重量7 693 t，容量25万 m³，外层网衣面积3.5万 m²。单套造价4.2亿元，使用年限25年，一次可实现养鱼量150万条。

"海洋渔场1"号配备了全球最先进的三文鱼智能养殖系统、自动化保障系统、高端深海运营管理系统等，且融入了生物学、工学等多种技术，安装各类传感器2万余个、水下水上监控设备100余个、生物光源100余个，在鱼苗投放、喂食、实时监控、渔网清洗等方面，系统都实现了智能化和自动化。

武船集团隶属于中国船舶重工集团有限公司，始建于1934年。拥有国家级技术中心、国家高端船舶及海洋工程装备院士工作中心，先后被评为"国家船舶工业创新能力十强企业""国家高新技术企业""国家技术创新示范企业"等。2015年，武船集团在国家级企业技术中心评价中位列全国船企第3位，中国制造业500强排名第256位，中国船舶行业位列第6位。

图7-7 "海洋渔场1"号

3. "海峡1"号

"海峡1"号（图7-8）是由福鼎市城市建设投资有限公司委托马尾造船厂建造，福州福鼎海鸥水产食品有限公司负责运营、养殖的大型深海养殖装备，用于大黄鱼的大规模养殖。

该设施为全国首座单柱半潜式深海渔场，总投资超过1亿元人民币。投入使用后，将安装在水深大于35 m的养殖水域，有效养殖水体容积15万 m³，可养殖大黄鱼2 000 t。据专家介绍，该设备适合在中国东海、南海海域进行大众鱼类、高附加值鱼类的离岸深远海养殖，风暴来临时主体下潜至水面下，可抵御17级台风。

该项目运营方福建福鼎海鸥水产食品有限公司是集大黄鱼育苗、养殖、加工与销售为一体的大黄鱼全产业链农业产业化国家重点龙头企业。据了解，由福建福鼎海鸥水产食品有限公司与厦门大学共建的大黄鱼育种国家重点实验室，针对我国大黄鱼种质资源开发及高效利用的重大需求，养殖共性关键技术，围绕大黄鱼种质发掘与保护、大黄鱼创新育种以及大黄鱼种业配套养殖技术3个研究方向开展了大量相关科学技术研究，为闽东族大黄鱼产业的持续健康发展提供了有力支撑。

图7-8 "海峡1"号

4. "德海1"号

"德海1"号是由中国水产科学研究院南海水产研究所与天津德赛海洋船舶工程技术有限公司根据我国深远海养殖产业发展需求联合设计制造，是全球第一艘浮体与桁架混合结构的万吨级智能化养殖渔场。渔场历时8个月建造，投放至珠海万山枕箱岛外海域，交付珠海市新平茂渔业有限公司开展养殖试验。

主体结构由箱型结构和桁架结构组合而成，在外形上酷似一艘带艉浮箱的船，但其本质也是养殖网箱。总长 91.3 m、宽 27.6 m，主体框架面积约 2 100 m^2，养殖水体可达 3 万 m^3，由主体结构、网衣、单点系泊系统及相关养殖配套装备组成，适合在我国完全开放、水深 20 ~ 100 m 的海域使用（图 7-9）。

天津德赛集团成立于 2001 年，旗下拥有"天津德赛国际海洋工程有限公司""天津德赛海洋船舶工程技术有限公司""天津德赛机电设备有限公司"及"天津天大滨海船舶与海洋工程研究院"，作为技术主导型的高新技术企业，主要从事海洋工程产品开发与投资及项目总包，合作船厂分布在天津、山东、广州、浙江和辽宁等地。

图 7-9　"德海 1"号

5. "长鲸 1"号

"长鲸 1"号是全球首个深水坐底式养殖大网箱和首个实现自动提网功能的大网箱，由中集来福士海洋工程有限公司（简称"中集来福士"）为长岛弘祥海珍品有限责任公司设计建造，在山东烟台交付。

网箱采用坐底式四边形钢结构形式，最大设计吃水 30.5 m，养殖水体达到 60 000 m^3，预计每年能养 1 000 t 鱼，设计使用寿命 10 年，相当于 100 个普通的 HDPE 网箱。该装置集成了网衣自动提升、自动投饵、水下监测等自动化装备，日常仅需 4 名工人即可完成全部操作（图 7-10）。

"长鲸1"号是中集来福士通过自主创新、进行新旧动能转换的成果，也是山东省烟台市大力建设蓝色海洋经济的成效，通过大数据技术，可实时反馈海洋水文信息、监测数据，是全国首个与保险公司实现监测数据实时共享的网箱，可实现自动投饵、自动水下清洗渔网，自动提升网衣，让海洋牧场从近海走向深海。

图 7-10　"长鲸1"号

6. "JOSTEIN ALBERT"号

"JOSTEIN ALBERT"号由中集来福士进行基础设计、详细设计和总装建造，融合了挪威的先进海工设计能力和中国的高端装备建造能力，取得了多项技术突破和工艺改善，丰富了在深远海养殖网箱领域的经验和能力。

工船全长 385 m，型宽 59.5 m，总面积约等于 4 个标准足球场，由 6 座深水智能网箱组成，养殖规模可达 1 万 t，约合 200 多万尾三文鱼。为满足现代化养殖需求，该工船装备全球最先进的三文鱼自动化养殖系统，能够实现鱼苗自动输送、饲料自动投喂、水下灯监测、水下增氧、死鱼回收、成鱼自动搜捕等功能。此外，该工船符合全球最严苛的 NORSOK（挪威石油工业技术法规）标准，入级挪威船级社，适应挪威峡湾外的极寒气候和恶劣海况（图 7-11）。

中集来福士是国内领先的海洋工程装备总包建造商，通过自主创新和中欧互动的研发格局，成功开发了多款适合不同海域的养殖网箱。"JOSTEIN ALBERT"号是中集来福士在深远海养殖网箱领域的首个国际订单，克服了首制船无先例可循、严格的设计建造标准等挑战，突破网衣整体设计及计算方案等多项核心技术，填补了国内在相关领域的空白。

图 7-11 "JOSTEIN ALBERT"号

7. "深蓝 1"号

"深蓝 1"号是由日照市万泽丰渔业有限公司出资 1.1 亿元，中国海洋大学与湖北海洋工程装备研究院联合设计，青岛武船重工有限公司建造的世界最大的深远海养殖重汽全潜式网箱。

网箱周长 180 m，高 38 m，重约 1 400 t，有效养殖水深 30 m，直径 60.44 m，整个养殖水体约 5 万 m³，设计年养鱼产量 1 500 t，可同时养殖三文鱼 5 万尾，于 2018 年 7 月初在黄海海域正式启用。该全潜式养殖平台是我国基于绿色理念研创的深远海养殖重器，利用潜艇沉浮控制技术，结合挪威"海洋渔场 1"号的研制经验，融合黄海冷水团三文鱼养殖技术，创建了我国独特的深远海全潜式三文鱼养殖模式（图 7-12）。

日照市万泽丰渔业有限公司是一家集产业优势、地域优势、资源优势于一体的滨海新兴企业，主要致力于海洋新型产业项目的投资与开发，在国家大力发展蓝色海洋经济的背景下，在日照市政府实施"旅游富市"的战略驱动下，通过与中国海洋大学、澳大利亚奥斯亚德等知名科研院所、跨国公司合作，不断引入国内外专业前沿技术，全力打造黄海冷水团冷水鱼类科研养殖、海洋牧场、海上休闲渔业旅游度假垂钓平台、现代帆艇产业等现代海洋产业，经转型升级后已发展成为集渔业、旅游业、高端设备制造业高度融合的民营科技企业。

图 7-12 "深蓝 1"号

8. "澎湖"号

"澎湖"号是由中国科学院广州能源研究所研建，中华人民共和国自然资源部海洋可再生能源资金、广东省级促进经济发展专项资金（现代渔业发展用途）支持，在珠海桂山渔场进行实海况养殖示范的全球首台半潜式波浪能发电养殖网箱。目前已经获得中国、欧盟、日本和加拿大 4 个国家与地区的发明专利授权。

"澎湖"号长 66 m，宽 28 m，高 16 m，工作吃水 12 m，可提供 1.5 万 m³ 的养殖水体，能够在 15 ~ 100 m 的海域使用，设计寿命达到 20 年（图 7-13）。平台还搭载了自动投饵、鱼群监控、水体监测、活鱼传输和制冰等现代化渔业生产设备，可以实现智能化养殖（仅需 1 人便可承担平台上所有养殖任务）。

图 7-13 "澎湖"号

9. "福鲍 1" 号

"福鲍 1" 号是国内最大深远海鲍鱼养殖平台，由福建船政重工股份有限公司与福建中新永丰实业有限公司联合研发，福建省福船海洋工程技术研究院有限公司研制。

平台主要由甲板箱体结构、底部管结构、浮体结构、立柱结构、养殖网箱、机械提升装置等 6 大部分组成，为钢质全焊接结构。"福鲍 1 号"长 37.3 m，宽 33.3 m，设计吃水深度 6.6 m，重约 1 000 t，总面积达 1 228.4 m²，总造价超过 1 000 万元。可抵御 12 级以上台风侵袭，适用于水深 17 m 以上、离岸距离不超过 10 n mile[①]的海域作业，预计年产鲍鱼约 40 t（图 7–14）。

图 7–14　"福鲍 1" 号

10. "振鲍 1" 号

"振鲍 1" 号是由上海振华重工（集团）股份有限公司（简称振华重工）和福建中新永丰实业有限公司联合研发、上海振华重工启东海洋工程股份有限公司建造的我国首创的深远海机械化养殖平台。

该项目总造价约 1 000 万元，主要由浮体结构、养殖网箱、上部框架、水下框架、机械提升装置 5 大部分组成，可抵御 12 ~ 15 级台风侵袭，可容纳近 5 000 个鲍鱼养殖箱，预计单台年产鲍鱼约 12 t。"振鲍 1" 号设有远程监控系统、水质监测系统、赤潮防护系统等先进功能，充分考虑海上丰富的自然资源，引入风力发电系统，为鲍鱼养殖提供了绿色动力，节能环保。解决了传统养殖模式抗风浪能力差的缺点，

---

① 国际度量单位。1 n mile≈1 852 m。

可将现有近海养殖区域扩展到深远海，响应国家沿海的环境保护政策，通过机械化手段，有效降低工人劳动强度，提高养殖效率。

振华重工为国有控股上市公司，成立于1992年，是国家发展战略中打造大国重器装备的核心企业。上海振华重工启东海洋工程股份有限公司系振华重工旗下的大型控股子公司。公司以特种海洋工程船舶、各类海上平台等海工装备船舶的设计、建造为主，兼顾普通类散杂货船、多用途船等船舶类型的设计建造，并已积累了丰富的工程业绩（图7-15）。

图7-15 "振鲍1"号

四、我国深远海养殖发展的机遇与挑战

目前，我国深远海养殖的发展具有几方面的机遇。其一，体系化的网箱养殖产业为深远海养殖发展奠定了基础；其二，国家海水养殖产业发展政策将推动养殖走向深海；其三，船舶、海工、新材料、智能化等技术集成是设施大型化和走向深远海的重要支撑。同时，深远海养殖发展也面临技术、管理和经济可行性等问题挑战，尤其是经济可行性将成为养殖产业走向深远海的决定因素，主要原因是深远海养殖面临同类低成本养殖产品、同类进口养殖产品、同类海洋捕捞产品的竞争，因此其需要具备相比低成本养殖产品的价格优势、无同类海洋捕捞产品竞争、较进口产品综合成本优势等多方面优势，才能获得长足的发展（王鲁民，2018）。

第二节 大黄鱼大型工程化平台养殖实例

目前，随着大型深远海养殖装备从研发陆续走向落地实施，利用大型工程化平台开展大黄鱼养殖的实例也越来越多。然而，由于大黄鱼深远海养殖技术体系尚处于理论研究阶段，因此，基于大型工程化平台的大黄鱼养殖同样是在摸索中求发展。深远海海水养殖是一个综合体系，其中适养物种、养殖技术和养殖平台（大型基站、大型深水网箱和养殖工船等）是深远海海水养殖的主体，深远海海水养殖物种的选择必须同时考虑其生物学特性和经济学特性（麦康森等，2016）。大黄鱼是我国最大规模的海水网箱养殖鱼类，年养殖产量已超 20 万 t，是我国海水养殖的主导品种。本节主要介绍了目前已正式投入生产运行的基于大型工程化平台养殖大黄鱼的几个成功实例。

一、"嵊海 1"号大黄鱼养殖

"嵊海 1"号是智能型大黄鱼深远海养殖平台，网箱呈六边形，总高 22 m、周长 116 m，总养殖水体 1 万 m³（图 7-16）。与传统养殖网箱不同，该平台装有国内首创的智慧深海养殖保障系统，具有抗风浪能力强、航行避让等特点，平台能通过"升降"解决大黄鱼越冬难题，在冬季海面水表温度较低时，该平台能全潜进入水下合适水温层，最深可达水下 15 m。首次选定的养殖海域位于舟山渔场中心区域（三横岛海域），是岱衢族大黄鱼的原生地。首批养殖大黄鱼规格在 0.5 kg 以上（体长约30 cm），网箱及养殖大黄鱼状态良好。"嵊海 1"号网箱内装有远程智能监控设备，工作人员在陆上的监控室内就能实时掌握网箱内的情况，大大减少了海上作业时间。

图 7-16　"嵊海 1"号

二、"振渔 1"号大黄鱼养殖

由振华重工和福州力美水产科技有限公司联合研发的全国首个深远海机械化大鱼养殖平台——"振渔 1"号（图 7-17）。自 2019 年 4 月启用后，投放试养的 2 万多条大黄鱼，经过 8 个多月的养殖后捕捞上市，平均每条鱼重达 750 g，售价达 150 元。

图 7-17 "振渔 1"号

三、"国信 1"号中试船大黄鱼养殖

2020 年 12 月 19 日，全球首艘 10 万吨级智慧渔业大型养殖工船"国信 1"号启动建造，养殖水体达 8 万 m³，预计年产能 3 200 t（图 7-18）。未来，"国信 1"号将常年游弋在黄海千里岩、东海舟山列岛、台山列岛和南海南澎岛间开展大黄鱼的深远海养殖。"国信 1"号总长 249.9 m、型宽 45 m、型深 21.5 m，载重量约 10 万 t，排水量 13 万 t。全船共 15 个养殖舱，单个养殖舱养殖水体约为 5 600 m³。通过养殖水体交换系统，"国信 1"号将实现养殖舱内水体与外界自然海水不间断强制交换，借助深层取水装置获取适宜温度盐度的海水。同时，工船在设计上兼具自航式移动和锚泊固定两种模式，将根据鱼类养殖特性在选定的锚地之间依据水温和环境变化自航转场，使鱼类生长时刻处于适宜环境，提高轮转效率，缩短养殖周期。

图 7-18 "国信 101"号中试船

"国信 101"号中试船由中国水产科学研究院渔业机械仪器研究所在中国水产科学研究院和青岛海洋科学与技术试点国家实验室的支持下创新研发，国信中船（青岛）海洋科技有限公司实施建造，该船排水量 6 800 t，集成了养殖水流交换、水质与光照调控、自动化作业装备等系统。项目研发团队以"试苗种、试工艺、试装备、试运营、试模式"为主旨，以循环经济为理念，以旧船为平台，研发独立封闭式养殖模块，70 天快速推进中试船的加改装工程，完成养殖系统调试。中试船于 2020 年11 月在东海鱼苗入舱，根据大黄鱼适宜水温水质环境条件，逐步游弋至南海水域，开展大黄鱼深远海工船养殖中试试验，进一步优化了船载养殖系统及工艺，实船验证了舱养工艺、装备及模式的可行性。

第一批工船试验大黄鱼试养周期为 3 个月，开展了温度、流速、光照、晃荡等养殖环境关键胁迫因子对大黄鱼生长和健康的影响试验研究，初步探明相关因子控制参数，完善了船载舱养工艺。在四季度恶劣水文环境影响下，生产速度及品质调控超预期，水温 17 ～ 20℃条件下，饵料系数低至 1.05，成活率超 97%。2021 年 1月 30 日，养殖工船中试船"国信 101"号养殖的大黄鱼在广东省南海海域首舱开捕上市，养殖大黄鱼色泽黄艳，体形修长。工船首舱大黄鱼开捕上市，标志着工船养殖模式初步取得成功，对深远海养殖的产业发展及战略布局具有重要意义。

第八章
陆海接力养殖
模式与技术

第一节　陆海接力养殖主要技术

　　所谓的"陆海接力"模式是近年兴起的一种新型工业化养殖，它是陆基工业化循环水养殖的延伸，养殖鱼类冬春季在工厂化循环水车间通过加热恒定其适养温度，夏秋季节自然水温升到20℃以上，在海区利用深水网箱进行节能高效养殖。陆海接力养殖是集约化养殖的新模式，该模式缩短了养殖周期，提高了养殖效率，减少了养殖成本，提升了产品质量。目前，国内已开展过陆海接力养殖试验的鱼类主要有鲆鲽鱼类（大菱鲆、褐牙鲆）、石斑鱼、黄条鰤、河鲀、许氏平鲉、黑鲷、鲈鱼等（梁友等，2013；于飞等，2016；）。本节主要概述陆海接力养殖的关键技术环节，并辅以实例证明陆海接力养殖的生产应用效果。

一、陆海接力养殖关键技术

1. 饵料驯化

　　不管是人工繁育苗种还是海捕苗种，为了提高成活率都要进行饵料驯化。驯食应根据养殖品种的生态习性和食性进行。

2. 苗种运输技术

　　苗种运输是水产养殖生产中的重要环节。苗种起捕和装运时要防止不当操作造成的个体机械式损伤。

　　（1）停食

　　准备运输的鱼类苗种要停食24 h以上，让苗种排空消化道内的食物，防止包装和运输时鱼苗因剧烈活动受伤，防止运输过程中呕吐物和粪便污染水质。

（2）运输

① PE 包装袋运输。在双层 PE（聚乙烯）薄膜包装袋中加装新鲜海水，装海水量约占袋子容量的 1/5 ～ 1/4。根据苗种规格大小决定放入鱼苗数量，排除包装袋内空气后再充入氧气，用皮筋扎好袋口后放入泡沫箱内，保证气体或水分不会发生泄漏。每箱放 1 ～ 2 袋，箱内放袋装冰块或冰冻的矿泉水瓶，胶带封好箱运输。

② 帆布桶或塑料桶运输。陆运的帆布桶或塑料桶采用液氧增氧方式，每个鱼箱都是独立的，鱼箱的底部有一个直径 15 cm 的排水孔，用于在捞完鱼的情况下排水。车上配有用于捞鱼用的捞海 1 个、水温表 1 个。运输车上加适量清洁海水，保持微量充气，温度高时加入适量的海水冰块降温。

③ 活海鲜运输船运输。水运中渔船运输是将苗种投放海水网箱，主要采用运输船增氧运输充气方式。在高温季节，可在渔船船舱中加入海水冰块降温，使鱼种的成活率达到 95% 以上。

④ 鱼体投放。鱼种运输过程的水温最好控制在 10 ～ 15℃，降低鱼种的活动能力，能够提高鱼种运输的成活率。运输苗种的水温、盐度要与当地水泥池海水的温差不大于 4℃，盐差不大于 3，需要慢慢地加入新鲜海水，来调整盐度和水温，当盐度一致时、水温差不超 2℃再放苗。苗种运达后，采用 PVC（聚氯乙烯）钢丝软管或用塑料筐带水搬运到车间水泥池暂养，苗种放养后需要使用土霉素或聚维酮碘给鱼体消毒处理 1 ～ 2 次。等鱼种在室内水泥池培养成大规格苗种，在海区水温适宜时，投放入深水抗风浪网箱。

3. 网箱投喂控制技术

网箱养殖过程中，残饵既增加了养殖的饲料成本投入，又会造成局部海域有机污染。因此，根据鱼类的摄食习性、生长发育阶段变化、养殖数量和季节环境，掌握好投喂量及节点。具体是在深水抗风浪网箱内安置食台，定时将小杂鱼和配合饲料投撒于食台上方，通过人工观察，确定投喂量，同时不定期对食台进行清理，捞去残饵和腐烂物质。在投喂配合饲料前，要对饲料进行过筛，筛除颗粒饲料中的粉末、碎粒料再投喂。日投膨化饲料量一般按鱼体重量的 2% ～ 3% 投喂，饲料系数按 1.5 计算，给食率相当于其饱食率的 70% ～ 80%。通过对网箱投喂量进行控制，降低残饵对网箱养殖环境的影响，也降低了饵料系数，使网箱养鱼获得最佳的经济效益。

4. 快速换网技术

（1）换网条件

为了清除附着网衣上的海区污损生物以保障养殖个体的生长，要适时更换网衣，以保持网箱内水流畅通。在海州湾海区，一般 30 ~ 45 d 更换网衣 1 次，而在 7 ~ 8 月高温季节，要每 20 d 左右更换 1 次网衣。更换下的网衣，拉至岸上曝晒清洗。

（2）换网前准备

在海上吊装过程中，风、浪、流对吊装影响较大，因此判断气象对于出海作业至关重要。因此根据实际天气情况，注意海浪和风力大小再出海作业。吊装作业前，必须做好索具的检查工作，更换有损伤的索具。

（3）换网作业

目前，国内主要采用传统人工换网或起网机作业，其中人工换网劳动力强度高、换网时间长、容易伤鱼，起网机作业需固定平台，在大型网箱内也要放进移动台筏，存在换网烦琐、作业时间长等问题。为此，可采用工作船配备起重机进行船吊机械式换网，可在无需捕捞网箱养殖鱼的情况下完成换网。换网时，工作船开到需要换网的深水抗风浪网箱旁边。采用套网的方式换网。首先将旧网衣中间的系绳（吊绳）解开，并挂在吊车的吊钩上，在吊车慢慢吊起旧网衣中间的系绳的同时，从一侧解开旧网衣扶手管和浮管架上的系绳，将带有鱼的旧网箱移到网箱的一侧，留出 1/3 的空间，将新网箱的 1/3 先固定在旧网箱解下来的 1/3 的空位置上，新网箱的另 2/3 从旧网箱的底部绕过。将旧网衣拉起，鱼则游入新网衣中。由于网箱鱼多，操作时注意防止网衣裹挟养殖鱼，造成擦伤或缺氧。为使新网箱能便捷快速地从旧网箱底部通过，将带有鱼的旧网箱移到新网箱内，应收起旧网箱约 2/5 的网衣。整个换网过程采用船上吊车进行机械式快速换网，换网人员由原来的 6 人操作变为 3 ~ 4 人，换网时间由原来的 3 个多小时缩短到 30 min 左右，既节省劳动力成本，又节约了换网时间，有效解决了换网伤鱼问题（于飞等，2016）。

二、主要鱼类陆海接力养殖试验

1. 褐牙鲆陆海接力养殖试验

董登攀等（2010）对褐牙鲆陆海接力养殖模式的可行性、养殖操作技术进行了研究。在山东荣成爱莲湾海域，分别于 2008 年和 2009 年 5 月，当海区水温上升至

12℃以上时，将陆基工厂化培育的适宜规格苗种转运到海上，利用自行研制的方形钢结构鲆鲽类平底网箱养成褐牙鲆商品鱼。其中，2009 年养殖平均体质量为 59.3 g、136 g 和 202 g 的褐牙鲆各 1 箱，经过 174 d 的养殖，平均体质量分别达到 614 g、885.3 g 和 1 030 g，转运成活率 100%，网箱养殖成活率分别为 93.3%，87.5% 和 93.3%。结果表明，方形钢结构鲆鲽类平底网箱适合鲆鲽鱼类养殖，陆海接力模式养殖的褐牙鲆生长快、养殖周期短、成本低，而且该模式操作简单、节约能源。

2. 云纹石斑鱼陆海接力养殖试验

为了有效突破我国北方海域冬季网箱养殖品种少和产业发展缓慢的局面，通过陆海接力养殖模式，开展了云纹石斑鱼的网箱陆海接力养殖试验（黄滨等，2013）。结果显示：在莱州明波网箱基地选用的平均个体重量 225 g 的大规格云纹石斑鱼鱼苗，经过 2 个月的网箱接力养殖，个体平均重量达到 350 g，平均单尾月增重 62.5 g，成活率 92.02%；在连云港众利网箱基地选用的个体平均重量 152 g 大规格云纹石斑鱼，经过 4 个月的网箱接力养殖，个体平均重量增加到 425 g，平均单尾月增重 68.25 g，养殖成活率达 96%。石斑鱼的网箱养殖与工厂化循环水养殖相比，平均月增重速度提高 54.6% ~ 68.9%。

3. 斑点鳟陆海接力养殖试验

为有效突破中国北方网箱养殖品种少的缺陷，并合理利用闲置网箱，通过陆海接力养殖模式，李莉等（2017）开展了斑点鳟（♀ Oncorhynchus mykiss×♂ Oncorhynchus mykiss）的陆海接力养殖试验，并与工厂化养殖进行了对比，达到提高斑点鳟的养殖存活率，增加经济效益的目的。结果显示：从 2013 年 6 月 1 日至 2014 年 6 月 19 日，3 种规格斑点鳟的初始体质量分别为（225.1±36.2）g、（102.8±23.5）g、（55.3±12.3）g，经 384 d 的工厂化养殖，养成平均体质量分别达到（2 143.4±253.1）g、（1 763.8±210.3）g、（946.3±120.4）g，存活率分别为 91.2%、90.6%、89.3%；经 384 d 的陆海接力养殖，养成平均体质量分别达到（2 408.3±321.2）g、（2 065.5±256.3）g、（1 142.6±156.3）g，存活率分别为 87.5%、88.1%、85.3%，其中大规格苗种的平均日增体质量达到 8.5 g/d。由此可见，最适宜进行陆海接力养殖的斑点鳟规格为体质量 100 g 以上的中等规格斑点鳟，且陆海接力养殖的斑点鳟具有生长快、经济效益高等特点，是一种值得推广的新型斑点鳟养殖模式。

第二节　大黄鱼陆基－近岸－深远海接力养殖

陆海接力养殖是实现陆基工厂化与海基网箱接力养殖的集约化水产养殖模式，该模式的最大优势在于节约成本，在合适的时间点通过陆海接力模式以提高养殖效率。近几年来，随着深远海养殖技术、装备及模式的逐步兴起，陆海接力养殖又被赋予了新的含义，陆基－近岸－深远海这种新的接力养殖模式所凸显的核心优势在于可进一步拓展养殖空间，实现水产养殖提质增效。下面主要介绍大黄鱼陆基－近岸－深远海接力养殖模式的技术细节，其技术流程为：通过陆基工厂化模式培育大黄鱼苗种（体长 3 ～ 5 cm），经过近岸网箱养殖模式养至一定规格（0.3 ～ 0.4 kg），最后在深远海养殖设施中进行最终的养成。

一、主要技术要点

大黄鱼陆基－近岸－深远海接力养殖的操作流程如图 8-1 所示。各个环节的主要技术要点如下。

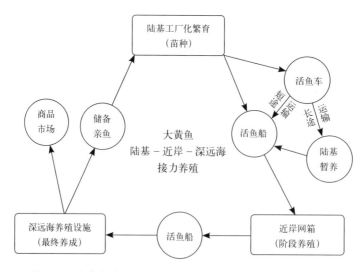

图 8-1　大黄鱼陆基－近岸－深远海接力养殖模式操作流程

1. 陆基工厂化至近岸网箱环节

（1）饵料驯化

陆基工厂化条件下，在大黄鱼人工育苗阶段后期，即大规格苗种培育阶段，通过逐步调整鲜活饵料与配合饲料的投喂比例，使苗种最终过渡到可完全适应人工配合饲料。

（2）苗种运输

大黄鱼经陆基工厂化培育到一定规格（体长 3 ~ 5 cm）后，从陆基池捞取并进行人工分级，根据运输时间长短确定打包、运输方式。大黄鱼苗种宜选择体形匀称、规格整齐、体质健壮、体表鳞片完整、无病无伤无畸形的健康苗。准备运输前，大黄鱼苗种要停食 24 h 以上，让苗种排空消化道内的食物，防止包装和运输时鱼苗因剧烈活动受伤，同时防止运输过程中呕吐物和粪便污染水质。其运输方式主要有以下几种。

PE（聚乙烯）包装袋运输：在双层 PE 薄膜包装袋（50 cm×50 cm）中加装新鲜海水，装海水量占袋子容量的 1/4，体长 3 ~ 5 cm 规格的大黄鱼苗种，运输密度不宜高于 30 g/L，排出包装袋内空气后再充入氧气，用皮筋扎好袋口后放入泡沫箱内，保证气体或水分不会发生泄漏。每个泡沫箱放 1 袋，包装袋上方放一瓶冰冻的矿泉水瓶，胶带封好箱运输。中短途运输条件下（5 ~ 10 h），可直接与活鱼船进行衔接，长途运输条件下（大于 10 h），为保障大黄鱼苗种的健康状况，需在陆基池内进行 1 周的暂养后，再通过活鱼船运转至近岸网箱。

帆布桶或塑料桶运输：陆运的帆布桶或塑料桶采用氧气瓶增氧方式，保持微量充气，温度高时加入适量的海水冰块降温，运输密度不宜高于 20 g/L。

活鱼船运输：采用运输船增氧充气方式，温度较高时，可在渔船船舱中加入海水冰块降温。3 ~ 5 cm 规格苗种在运输时间小于 3 h 条件下，运输密度建议控制在 10 000 ~ 20 000 尾 /m³，3 ~ 6 h 运输条件下运输密度建议控制在 8 000 ~ 12 000 尾 /m³，6 ~ 12 h 运输条件下运输密度建议控制在 5 000 ~ 8 000 尾 /m³。5 cm 以上规格苗种其运输密度需要适当降低。

2. 近岸网箱养殖

鱼苗进箱时间选择在海区小潮、潮流缓慢时进行，宜早晨或夜晚投放。同一网箱中放养的鱼苗规格要求整齐一致。刚入箱时可投喂适口的鱼贝肉糜、配合饲料、大型冷冻桡足类等。养至 25 g 以上的鱼种，可直接投喂经切碎的鱼肉块或颗粒配合饲料。大黄鱼的摄食速度较慢，摄食量也较小，应根据这些特点做好投饵工作。一般原则是少量多次，缓慢投喂。高温期间，这时也是网箱上最容易附生各种藻类的季节。根据网箱情况，不定期移箱、换网，保证网箱内外水流畅通。同时要经常换洗网箱，一般每隔 30 d 左右换洗一次。

3. 近岸网箱至深远海养殖设施（以大型围栏养殖模式为例）

（1）规格要求

转移至远海围栏养殖的大黄鱼鱼种，建议个体规格达到 0.3 ~ 0.4 kg，此时大黄鱼的抗水流能力明显增强，可完全适应远海围栏设施养殖模式。

（2）运输条件

运输鱼种一般在水温降到 18 ~ 16℃时的秋季，或水温上升至 13℃以上时的春季进行为好。活水船运输要选择暖和且风小的天气进行。运输时间超过 10 h 的活水船运输密度不宜超过 40 kg/m³。

（3）围栏养殖技术

大型围栏设施海区的选择具有一定的要求，所选海区须有一定的避风条件，一般可选用朝南或者朝西南的半开放式海湾，受台风影响相对较小，且有利于冬季大黄鱼的安全越冬；养殖海区水深在最低潮时不低于 5 m，且流速不宜高于 0.3 m/s；海底底质以泥沙底为佳，有利于围栏设施的安装固定。

大型围栏设施养殖条件下，每亩水面可放养 3 万 ~ 6 万尾大黄鱼（规格：0.3 ~ 0.4 kg/尾）。养殖饲料以配合饲料为主、冰鲜小杂鱼虾为辅，投饲量按照鱼体重的 3% ~ 6%，水温稍低时，投饲量可适当降低，水温低于 15℃以下时，可停止投喂。投饲技术是整个养殖过程的关键，由于养殖水面大、大黄鱼数量多，每次投喂前，应顺风定时定点投喂，同时按照"慢、快、慢"的节奏进行投喂，即投喂刚开始时，少投、慢投以引诱大黄鱼前来摄食，等鱼集群争抢摄食时，则要多投、快投，当鱼集群争抢摄食不明显时，表明大部分鱼已达饱食状态，此时则要少投、慢投，以保障规格弱小者能够吃到饲料。规格为 0.3 ~ 0.4 kg/尾的大黄鱼，在大型围栏设施养殖模式下经过 1 年左右的时间，规格可达 1 kg/尾以上。

二、养成处理环节

1. 捕获技术

由于大型围栏设施养殖条件下养殖水面较大，通常采用下网拖拉起捕的方式集中捕获，快捷方便。

2.储备亲鱼挑选标准

储备亲鱼必须体质健壮，无病、无伤、无畸形。2 龄雌亲鱼个体规格 800 g / 尾以上为宜，雄亲鱼 400 g / 尾以上为宜；3 龄雌亲鱼 1 200 g / 尾以上，雄亲鱼 600 g / 尾以上。雌、雄亲鱼配比以 2∶1 为宜。

三、注意事项

大黄鱼苗种在从陆基转至近岸网箱之前，需提前进行配合饲料的饲喂模式转换。在从近岸网箱过渡至远海围栏过程中，大黄鱼鱼种规格不宜低于 200 g，以保障其养殖成活率。围栏养殖模式下，为避免冰鲜饵料对周边水域及底质环境条件的污染，选用浮性配合饲料为宜。

第九章
大黄鱼病害防治技术

近几年来，随着养殖规模的增加，大黄鱼疾病发生的频率越来越高，大黄鱼的病害问题逐渐成为困扰大黄鱼养殖产业健康发展的主要因素。引起大黄鱼疾病发生的原因是多方面的，要想实现大黄鱼的无病害健康养殖，就必须解决大黄鱼的病害问题，真正让大黄鱼产业在无病害的前提下，健康快速发展。本章主要针对大黄鱼的病害检测技术及主要病害防治措施等进行概括梳理，以期为大黄鱼养殖奠定坚实的基础。

第一节 大黄鱼病害检测技术及其主要患病原因

病害是目前困扰大黄鱼养殖产业健康可持续发展的主要限制因子之一，本节主要梳理了针对大黄鱼常见病害的主要检测技术，并分析了大黄鱼患病的主要原因（王国良等，2013；郭志文，2020）。

一、大黄鱼病害检测技术

1. 传统方法检测与诊断

传统方法检测包括直接培养，生理生化方法，组织切片观察法和超薄切片电镜观察法，是目前养殖大黄鱼疾病诊断的主要方法。金珊等（2005）对浙江省12个大黄鱼养殖区所发生的弧菌病进行病原菌的分离，从病鱼的肝、肾、脾、血液等组织共获得30多株细菌。经过形态学观察、培养特征、生理生化特性试验和人工感染试验等研究，证实大黄鱼弧菌病的病原为溶藻弧菌和哈维弧菌。但传统的直接培养、生理生化方法、组织切片观察法以及电镜形态观察检测，都是从所表现的性状来判断的。从某种意义来讲，不具有充分的说服力，并且花费时间长，可能会延误了病情的诊断和治疗。

2. 免疫学检测技术

免疫学技术是利用特异性抗原抗体反应，观察和研究组织细胞特定抗原（或抗体）的定位和定量技术，是目前养殖大黄鱼弧菌病早期检测技术中研究较为广泛、深入的检测技术。鄢庆枇（2004）运用改良的酶联免疫吸附试验（ELISA）法检测大黄鱼溶藻弧菌和副溶血弧菌，其最低检测极限分别为 9.7×10^4 CFU/mL、5×10^4 CFU/mL。ELISA 法不仅可以用于患病大黄鱼的诊断，也可以用于无病症带菌大黄鱼的检测。该技术可以建立起养殖大黄鱼疾病早期诊断和预防系统，这对指导大黄鱼病害的防治工作具有重要意义。

免疫学方法虽然比传统方法有了较大进步，但也存在许多方面的问题。抗体在体内的形成往往需要一段时间，抗体检测很难用于早期诊断，而且抗体一旦产生，即使病愈后还可能长时间存在，阳性结果不能做出确诊。

3. 分子生物学检测技术

随着现代分子生物学技术的高速发展，分子杂交和聚合酶链式反应等手段为大黄鱼疾病检测提供了新的研究思路。以下介绍几种常用的分子生物学检测技术。

（1）多重 PCR 技术

常规的 PCR 为单对引物扩增一种病原体，而养殖大黄鱼致病性病原菌种类多难以用一对引物进行确诊。多重 PCR 技术使用多对引物，混合后于一个反应管中，可用于同时检测多个病原细菌。该方法能提高检测效率，且方便准确，更适宜于生产实践的普及推广及流行病学调查，是一种较为经济实用的检测手段。Di（2006）根据胶原酶基因设计引物建立的多重 PCR 技术能同时检测溶藻弧菌，霍乱弧菌和副溶血弧菌。李晨等（2010）根据水产上常见病原菌，鳗弧菌调控毒力蛋白表达的 toxR 基因，嗜水气单胞菌中重要的编码气溶素（Aerolysin）基因 aerA，迟缓爱德华氏菌中编码分泌系统装置蛋白的基因 evpA，分别设计特异性引物，建立可同时检测 3 种菌的多重 PCR 检测体系。祝璟琳等（2009）选择溶藻弧菌和副溶血弧菌的胶原酶基因，哈维弧菌的部分 toxR 基因，优化设计了 3 对特异性引物，通过多重 PCR 反应体系优化建立了一种检测 3 种致病性弧菌的检测方法。经过琼脂糖凝胶电泳后的条带显示溶藻弧菌、哈维弧菌和副溶血弧菌分别扩增出大小为 737 bp、382 bp 和 271 bp 的预期产物，其灵敏度是 $10^2 \sim 10^3$ CFU/mL。翁思聪等（2011）依据金黄色葡萄球菌的耐热核酸酶基因 nuc、志贺氏菌的侵染性质粒抗原 H 基因 ipaH、沙门氏菌的侵袭蛋白基因 invA 和副溶血性弧菌的毒力表达调控基因 toxR 设计引物，建立了一种快速检测水产品中上述 4 种常见食源性致病菌的多重 PCR 方法，可应用于 4 种食源性致病菌的快速检测和分子流行病学调查。

（2）环介导等温扩增技术

环介导等温扩增技术（loop-mediated isothermal amplification，LAMP）是 Notomi 等在 2000 年开发的一种恒温核酸扩增方法。该方法的特点是根据靶基因的 6 个区域设计一套特异性引物，用以识别靶基因的 6 个特定区域，在等温条件完成核酸的扩增反应。施惠等（2010）根据 GenBank 中已登录的血卵涡鞭虫 ITSI 序列设计了一种基于环介导恒温扩增技术（LAMP）的诊断方法。实验结果表明，该方法特异性强，灵敏度高，为该病的临床诊断提供了一种更加简便、快速的方法。刘璐等（2013）针对鲫鱼诺卡氏菌 16S-723SrRNA 基因内转录间隔序列建立了 LAMP 检测技术。该方法灵敏度高，达到 10 ~ 7 μg/μL DNA 浓度，比常规 PCR 方法高 100 倍，可应用于乌鳢、大黄鱼、黄姑鱼组织样品检测。王国良等（2013）针对刺激隐核虫 18S-ITS2 基因序列建立了 LAMP 检测技术，该方法既能够检测发病鱼，也能够检出已感染但未发病的鱼，表明它是一种能够快速、简易、特异、敏感地检测海水鱼类刺激隐核虫病的病原学检测方法。

（3）实时荧光定量 PCR 技术

实时荧光定量 PCR 的原理是应用荧光标记物，通过荧光信号的累计，实行对整个 PCR 循环进程的观察，得到产物的扩增曲线，最后通过标准曲线对未知模板进行定量分析，实现了 PCR 从定性到定量的飞跃。这种方法有效地解决了普通 PCR 只能终点检测的局限，实现了每一轮循环均能检测，并通过对每个样品 Ct 值计算，根据标准曲线得到定量结果的目的。该技术能减少污染的可能性，提高检测的灵敏度和特异性，并且自动化程度较高。周勇等（2012）研究了大鲵虹彩病毒并建立了大鲵虹彩病毒 TaqMan 实时荧光定量 PCR 方法，该方法灵敏度高、特异性强，对大鲵虹彩病毒病的快速诊断与病毒病原定量检测有重要意义。康振辉等（2009）研究建立了 SYBRGreen Ⅰ 和 TaqMan 探针实时定量 PCR 检测体系，能准确地定量检测土壤中引起烟草根黑腐病的根串珠霉，对田间病害发生情况进行动态监测，实现了田间病害的早期诊断，为烟草根黑腐病的防治提供理论依据。王国良等（2012）根据 GenBank 中鲕鱼诺卡氏菌 16S-23SrRNA 基因序列设计并合成一对特异性引物，经反应体系优化后建立了检测鲕鱼诺卡氏菌的 SYBRGreen Ⅰ 实时荧光定量 PCR 检测方法，有利于鱼类致病鳓鱼诺卡氏菌的快速检测。

另外，还有巢式PCR、连接酶链反应（LCR）、转录介导扩增技术（TMA）、链置换扩增法（SDA）、支链DNA、杂交捕获和微阵列等检测技术。

二、大黄鱼患病的原因

1. 养殖宏观管理失控

近年来，由于网箱的养殖量逐渐增多，某些养殖海区密度过大，导致水流不畅，污染严重，以至于病害时常发生。

2. 养殖水体的污染

由于之前近岸海区大黄鱼养殖规模的快速扩张，海水及海底淤泥污染变得越来越严重。有害物质急剧积累，致病生物繁殖速度越来越快，鱼类病害也发生得越来越频繁。

3. 养殖管理不善

饲养管理技术相对滞后，其主要表现为：放养密度过高，使养殖水体溶氧缺乏，一旦发病就会导致快速传播感染，投饵方法不恰当，易导致养殖鱼类的大小规格差异较大。在管理技术方面常表现为饵料质量不好，饵料品种相对较单一以及营养不能满足其生长所需等。

4. 大黄鱼种质严重退化

由于人类活动，使大黄鱼自然资源濒临枯竭，现在在自然海区中已经很难捕到野生大黄鱼。因此，很多育苗厂都采用人工培育的亲鱼来育苗。这些会对大黄鱼种质资源产生不良影响，我国闽东地区大黄鱼养殖群体就表现出很多不良症状，如生长速度慢、性状不良、抗病能力差、性成熟早和亲鱼小型化等症状，这些现象都显示出大黄鱼种质已严重退化。

5. 病原侵害

病原主要包括病毒、细菌、真菌等微生物和寄生原生动物。养殖环境中温盐度、溶解氧、酸碱度、光照、天然的或人为的污染物质等因素的变动，超越了养殖动物所能忍受的临界极限。投喂饲料的数量或饲料中所含营养成分不能满足养殖动物维持生活的最低需要时，饲养动物往往生长缓慢或停止，身体瘦弱，就会出现明显的症状。其中最容易缺乏的是维生素和必需氨基酸。变质饲料也是致病的重要原因。在捕捞、运输和饲养管理过程中，由于工具不适宜或操作不当、网箱水流太大，也会使饲养鱼类受伤。

第二节　水产养殖常用渔药及其用法与用量

渔用药物的使用应以不危害人类健康和不破坏水域生态环境为基本原则。水生动植物在养殖过程中关于病虫害的防治应坚持"以防为主，防治结合"。渔药的使用应严格遵循国家和有关部门的规定，严禁生产、销售以及使用未经取得生产许可证、批准文号与没有生产执行标准的渔药（宋宗岩等，2007；黎姗梅等，2015）。

一、水产养殖常用抗菌药

1. 氟苯尼考

氟苯尼考呈白色或灰白色结晶性粉末，无臭。极微溶于水和氯仿，略溶于冰醋酸，能溶于甲醇和乙醇。

（1）作用与用途　氟苯尼考为动物专用的广谱抗生素，内服吸收迅速，主要用于防治鱼类由气单胞菌、假单胞菌、弧菌、屈挠杆菌、链球菌、巴斯德氏菌、诺卡氏菌、爱德华菌、分枝杆菌等细菌引起的疾病。如大黄鱼、鲈鱼、罗非鱼等养殖鱼类的细菌性疾病。

（2）用法与用量　①混饲：鱼每千克体重拌饵投喂 10 ~ 15 mg，每天 1 次，连用 3 ~ 5 d。②肌肉注射：每次 5 ~ 10 mg/kg 体重，每天 1 次，连用 2 ~ 3 d。

2. 庆大霉素

庆大霉素为白色或类白色粉末，无臭，有吸湿性。在水中易溶，在乙醇、氯仿中不溶。对光、热、空气、及广泛的 pH 值溶液均稳定，其稳定性与灭菌的温度、时间、溶液的 pH 值、氧气溶度等有关。

（1）作用与用途　可用于防治鱼类烂鳃病、败血病、肠炎等细菌性疾病。主要用于治疗细菌感染，尤其是革兰氏阴性菌引起的感染。庆大霉素能与细菌核糖体30 s亚基结合，阻断细菌蛋白质合成。

（2）用法与用量　口服，鱼类每天为50 ~ 70 mg/kg体重，分两次投喂，连用3 ~ 5 d。腹腔注射，每次为10 ~ 20 mg/kg体重，每天一次，连用2 ~ 3 d。

3. 四环素

四环素为黄色结晶性粉末，无臭；在空气中较稳定，暴露在阳光下颜色变深，微溶于水。四环素对革兰氏阳性菌的作用强，和青霉素类似，对革兰氏阴性菌的作用和氯霉素相似。主要用于防治海、淡水鱼类细菌性疾病。

（1）用法与用量　口服，鱼类每天用50 ~ 100 mg/kg体重，虾、蟹、鳖等每天用120 ~ 150 mg/kg体重，分两次投喂，连用5 ~ 10 d。浸浴使水体中四环素达50 ~ 100 g/m^3，每次1 ~ 2 h，每天1次，连用2 ~ 3 d。

（2）注意事项　Al^{3+}、Mg^{2+}离子可与四环素形成螯合物而影响吸收。卤素类、碳酸氢钠、凝胶可影响本品吸收。对肝脏有毒的药物尽量不与本品合用。和青霉素一起使用，可抑制青霉素的杀菌作用。本品需避光保存。

4. 多西环素

多西环素为黄色结晶粉末，无臭，味苦，在水和甲醇中易溶，在乙醇或丙酮中微溶，在氯仿中几乎不溶。

（1）作用与用途　多西环素可用于防治养殖鱼类细菌性败血症、肠炎症、烂鳃病以及罗非鱼、香鱼、虹鳟、大黄鱼等鱼类的链球菌病、诺卡氏菌病、内脏白点病、溃烂病弧菌等。

（2）用法与用量　口服，投喂鱼类30 ~ 50 mg/kg，分两次投喂，连用3 ~ 5 d。肌肉注射：大黄鱼亲鱼5 ~ 10 mg/kg体重，每天1次，连用2 ~ 3 d。

5. 磺胺间甲氧嘧啶

磺胺间甲氧嘧啶又名制菌磺、磺胺 -6- 甲氧嘧啶。磺胺间甲氧嘧啶为白色或类白色的结晶性粉末，无臭，几乎无味，遇光颜色逐渐变暗，在水中不溶。

（1）作用与用途　与磺胺嘧啶性质相同。本品为一种较新的磺胺药，抗菌作用强，用于防治细菌性鱼病。

（2）用法与用量　口服，鱼类每天用100 ~ 150 mg/kg体重，分两次投喂，连用 4 ~ 6 d。

（3）注意事项　本品应避光、密封保存。首次用药剂量加倍。使用磺胺类药物时，一般首次剂量加倍，以后保持一定的维持量，与磺胺增效剂（甲氧苄氨嘧啶）合用，可增强抗菌能力。

6. 磺胺嘧啶

磺胺嘧啶为白色结晶性粉末，见光颜色逐渐变深，在水中几乎不溶。

（1）作用与用途　磺胺嘧啶为治疗全身感染的中效磺胺，属广谱抑菌剂，对大多数革兰氏阳性菌和阴性菌均有抑菌作用。

（2）用法与用量　口服，鱼类一般用量为每天 50 ~ 100 mg/kg 体重，分 2 次投喂，连用 6 d。生产上常在第一天用 100 mg/kg 体重，第二天至第六天用 50 mg/kg 体重。

（3）注意事项　本品与碳酸氢钠并用可增加其排泄、吸收、降低对肾脏不良反应的作用，减少结晶析出及减少对胃肠道的刺激。与甲氧苄氨嘧啶合用，可产生协同作用。第一天用药量加倍。

7. 磺胺甲噁唑

磺胺甲噁唑又名新诺明，磺胺甲噁唑为白色结晶性粉末，无臭，味微苦，在水中几乎不溶。

（1）作用与用途　与磺胺嘧啶性质相似，但抗菌作用较磺胺嘧啶强，如与抗菌增效剂甲氧苄氨嘧啶合用（3∶1 ~ 5∶1），抗菌作用可增强数倍至数十倍，用于防治水生生物的细菌性疾病。

（2）用法与用量　口服，鱼类每天用 150 ~ 200 mg/kg 体重，分 2 次投喂，连用 5 ~ 7 d。

8. 恩诺沙星

恩诺沙星为微黄色或类白色结晶性粉末，无臭，味微苦，易溶于碱性溶液，在水和甲醇中微溶，在乙醇中不溶，遇光颜色渐变为橙红色。

（1）作用与用途　恩诺沙星为畜禽和水产专用的第三代喹诺酮类抗菌药物，用于防治各种水产生物细菌性疾病可用于防治海水鱼类烂鳃病、溃疡病、弧菌病、肠炎病，链球菌病、类结节病。

（2）用法与用量　口服 10 ~ 50 mg/kg 体重。不可与利福平合用。

二、水产养殖常用抗病毒药

1. 吗啉胍

吗啉胍为白色结晶粉末，无臭，味微苦，易溶于水。

（1）作用与用途 本品对多种 RNA 病毒和 DNA 病毒都有抑制作用。在水产生物的病害防治中可用于防治草鱼出血病、鲤春病毒病、斑点叉尾鮰病毒病、真鲷虹彩病毒病。

（2）用法与用量 每千克水产品生物每天使用本品 10～30 mg，拌饲料投喂。采用本产品防治水生生物疾病的同时，可以同时采用抗生素防治病原菌的继发性感染。

2. 利巴韦林

利巴韦林又名病毒唑，为白色结晶性粉末，无臭，无味，溶于水，微溶于乙醇、氯仿和乙醚。

（1）作用与用途 利巴韦林为一种新型广谱抗病毒药，对疱疹病毒腺病毒、肠病毒都有抑制作用。水产养殖过程中可用于防治草鱼出血病、鲤痘疮病、鲤春病毒病、鲤鳔炎症、斑点叉尾鮰病毒病。

（2）用法与用量 口服，养殖生物每天用 10～20 mg/kg 体重，分 2 次投喂，连用 5～7 d。

（3）注意事项 本品有致癌致突变的作用，怀卵亲鱼禁用。

三、水产养殖常用抗寄生虫药

1. 硫酸铜

硫酸铜为深蓝色的三斜系结晶或蓝色透明结晶性颗粒，或结晶性粉末，无臭，具金属味，在空气中易风化，可溶于水。

（1）作用与用途 对寄生鱼体上的鞭毛虫、纤毛虫、斜管虫、指环虫及三代虫等均有杀灭作用，此外，还可以抑制池塘中繁殖过多的蓝藻及丝状藻类，杀灭真菌和某些细菌及作为微量元素在饲料中添加。

（2）用法与用量 浸浴对于鱼类水生生物，温度为 15℃时，使水体中硫酸铜达

8 g/m³，浸浴 20 ~ 30 min，可防止鱼种口丝虫病，车轮虫病等。全池泼洒防治鱼类的原虫病，常用硫酸铜和硫酸亚铁合剂。

（3）注意事项　其毒性与水温呈正比，因此应在天气晴好的清晨，且鱼未出现浮头时使用。无鳞鱼对其敏感，应控制在 0.4 g/m³ 以下。治疗小瓜虫慎选用该药。施用硫酸铜后要注意增氧，与氨、碱性溶液会生成沉淀。

2. 敌百虫

敌百虫为白色结晶，有芳香味，易溶于水及有机溶剂，难溶于乙醚、乙烷等。在中性或碱性溶液中发生水解，生成敌敌畏，有剧毒，慎用。水解进一步继续，最终分解成无杀虫活性的物质是一种低毒、残留时间较短的杀虫药，不仅对消化道寄生虫有效，还可以用于防治体外寄生虫。广泛用于鱼体外寄生的吸虫（如鱼体表及鳃上的指环虫、三代虫），肠内寄生的蠕虫（如绦虫、棘头虫）和甲壳动物（如锚头中华鳋、鱼鳋）引起的鱼病，此外，尚可杀死对鱼苗、鱼卵有害的剑水蚤和水蜈蚣。

敌百虫会使鱼类对投饵反应减弱，使鱼类出现厌食，不宜长期使用。中毒时需用阿托品、碘解磷定等解毒。

四、水产养殖常用中草药

1. 大黄

大黄是多种蓼科大黄属的多年生植物的合称，也是中药材的名称。呈圆柱形或圆锥形的不规则块状，表面为黄棕色至棕红色，断面为浅棕红色或黄棕色，气清香，味苦而微涩，嚼之粘牙，有砂粒感，质坚硬。

（1）作用与用途　对多数革兰氏阳性菌和阴性菌，如柱状嗜纤维菌，气单胞菌有强烈的抑制作用。

（2）用法与用量　①全池泼洒，按 1 ~ 1.5 ppm 计算用药量，再按每 0.5 kg 大黄用 10 kg 水，同时加入氨水 30 mL，使成 0.3% 的氨水溶液浸泡大黄，在常温下经 12 ~ 24 h 后，全池泼洒，可防治烂鳃病及白头白嘴病，在泼洒大黄的同时还可泼洒 0.5 ppm 硫酸铜，可进一步提高大黄的疗效；②口服，每万尾鱼种用 250 ~ 500 g 大黄，研成粉末，用热开水浸过夜，混入饵料中连喂 5 d，接着再全池泼洒 0.7 ppm 硫酸铜，对出血病有一定疗效。

（3）注意事项　大黄不能与生石灰合用，否则对抑制黏细菌有降效作用。

2. 大蒜

大蒜为多年生草本，有强烈辛辣的蒜臭味，地下鳞茎球形或扁球形。

（1）作用与用途　具有广谱抗菌灭菌和消炎作用，有很强的抗病毒能力，其中活性成分为大蒜素。

（2）用法与用量　生大蒜捣碎混饲口服，用量为每 100 kg 体重 5 ~ 10 g。

3. 黄芩

黄芩为多年生草本，主根粗壮，略呈圆锥形，外皮棕褐色，折断由鲜黄色渐变黄绿色。

（1）作用与用途　具广谱抗菌作用，同时具有解热、利胆、镇定作用。

（2）用法与用量　煎汁口服或浸浴。口服，每 100 kg 体重 5 ~ 10 g；浸浴，5 ~ 10 g/m^3 水体。

4. 黄连

黄连为多年生草本，根状茎细长柱状，根茎黄色，有分枝，密生须根。

（1）作用与用途　具广谱抗菌、抗某些病毒和抗原虫作用。此外还具有调节机体功能的作用。

（2）用法与用量　煎汁口服或浸浴。口服，每 100 kg 体重 3 ~ 5 g；浸浴，5 ~ 8 g/m^3 水体。

5. 五倍子

五倍子角倍呈不规则囊状，有若干瘤状突起或角状分枝，表面为黄棕色至灰棕色，并具灰白软滑的绒毛，碎后可见中心为空洞。独倍呈纺锤体，无突起或分枝，外面毛绒较少，折断面角质样，较角倍光亮。

（1）作用与用途　对革兰氏阳性菌和阴性菌都有作用，对皮肤、黏膜、溃疡等有良好的收敛作用；对表皮真菌有一定的抑制作用；能加速血液凝固，有止血作用。

（2）用法与用量　浸浴，煮沸 10 ~ 15 min，去渣取汁，用量为 3 ~ 5 g/m^3。

6. 穿心莲

穿心莲又名春莲秋柳、一见喜、榄核莲、苦胆草、金香草、金耳钩、印度草、苦草等。一年生草本植物，长 4 ～ 8 cm，宽 1 ～ 2.5 cm。

（1）作用与用途　具抗菌，抗病毒作用。

（2）用法与用量　口服，每 100 kg 体重 5 ～ 10 g；浸浴，10 ～ 15 g/m³ 水体。

7. 鱼腥草

鱼腥草为多年生草本，有特殊腥臭味，茎上有节，叶互生，心形。

（1）作用与用途　对各种微生物生长有抑制作用。能调节动物机体本身的防御因素，提高机体免疫力，同时具有镇痛、止血、抑制浆液分泌、促进组织再生等作用。

（2）用法与用量　煎汁，口服或浸浴。用于防治草鱼细菌性烂鳃病时，口服，1 ～ 2 g/kg 体重，每天 1 次，连用 3 天，浸浴，10 ～ 20 g/m³ 水体。

五、水产养殖常用的消毒剂

1. 聚维酮碘

聚维酮碘是元素碘和聚合物载体相结合而成的疏松复合物，聚维酮碘起载体和助溶作用。常温下为黄棕色至棕红色无定形粉末。微臭，易溶于水或乙醇，水溶液呈酸性，不溶于乙醚、氯仿、丙酮、乙烷及四氯化碳。聚维酮碘水溶液无碘酊缺点，着色浅，易洗脱，对黏膜刺激小，不需乙醇脱碘，无腐蚀作用，且毒性低。

（1）作用与用途　聚维酮碘为广谱消毒剂，能直接杀灭细菌、真菌、病毒、芽孢与原虫，主要用于鱼卵、水生生物体表消毒，一般使用低剂量时，杀菌力反而强。不易使微生物产生耐药性，不易发生过敏反应。使用持久，稳定性好，贮存有效期长。

（2）用法与用量　以 10% 的聚维酮碘为例，①浸浴每立方米水体 60 mL，浸浴草鱼鱼种 15 ～ 20 min，可防治草鱼出血病；每升水体用 60 ～ 100 mL，浸浴发眼卵 15 min，可以防治鲑鳟鱼类的传染性造血器官坏死症和传染性胰腺坏死症；每立方米水体用 0.8 ～ 1.5 mL，浸浴病鱼 24 h，连用 2 次，可防治鳗鲡的烂鳃病。②全池泼洒，对虾的细菌性疾病和病毒性病，每立方米水体用 0.1 ～ 0.3 mL，一次量。③拌饵投喂某些水产生物细菌性疾病和病毒性病，每克饲料 10 mL。④涂抹，控制水霉病，涂抹患有水霉病的虹鳟。

（3）注意事项　①本药品会因有机物的存在而减弱，因此使用剂量要根据池水有机物的含量做出适当的增减。②勿碱性与季铵盐类消毒剂直接混用。

2. 高锰酸钾

高锰酸钾为黑紫色、细长的结晶或颗粒，带有蓝色的金属光泽，无臭，与某些有机物或易氧化物接触，易发生爆炸，在沸水中易溶，在水中溶解。

（1）作用与用途　高锰酸钾为强氧化剂，还原时形成二氧化锰与某些蛋白质结合成蛋白盐类的复合物而起到杀灭的作用，抗菌作用在酸性环境中增强，但易被有机物所减弱。强氧化作用可使生物碱、氰化物、磷、草酸盐等失活，具解毒作用。高锰酸钾常用于杀灭鱼体外不形成孢囊的原虫、单殖吸虫、蠕虫以及寄生甲壳类动物如锚头鳋。此外，高锰酸钾还具有杀菌、防腐防治细菌性疾病及改良水质的作用。

（2）用法与用量　①水体遍洒，$2 \sim 3 \ g/m^3$ 浓度遍洒，可对鱼体寄生虫、细菌、真菌具有一定的杀灭作用，对鱼体伤口具有消毒作用，或抑制网箱上的海葵等附着生物。②鱼体浸浴：苗种用 $20 \sim 50 \ g/m^3$ 水体浸浴 $10 \sim 15 \ min$。

（3）注意事项　①本品及其溶液与有机物或易氧化物接触，易发生爆炸。禁止与甘油、碘和活性炭等合用。②溶液现配现用，久置则逐渐还原至棕色而失效。③不宜在强光下使用，阳光易使其氧化而失效。④药效与水中有机物含量及水温有关，在有机物含量高时，高锰酸钾易分解失效。

3. 漂白粉

漂白粉为灰白色颗粒性粉末，有氯气，空气中即吸收水分与二氧化碳而缓慢分解，水溶液遇石蕊试纸显碱性反应，随即将试纸漂白，在水或乙醇中部分溶解。

（1）作用与用途　漂白粉是一种消毒剂，水质净化剂，对细菌、病毒、真菌均具有不同程度的杀灭作用。由于水溶液含大量氢氧化钙，因而可调节池水的 pH 值，定期适量遍洒，还可以改良水质。主要用于水生生物细菌性疾病治疗。

（2）用法与用量　①清塘消毒一般带水清塘，每立方米水体 20 g 遍洒后，搅拌池水，经 $2 \sim 3 \ d$ 后排干池水，日晒 10 d 左右，再注入新水，如此，清池效果最好。②养殖水体消毒，全池泼洒，每立方米水体 $1.0 \sim 1.5 \ g$，也可与干黄土搅拌均匀全池泼洒。③浸浴，在鱼体放养前，为预防鱼虾等体表和鳃部的细菌和真菌等按每立方水体一次量用 $10 \sim 20 \ g$，浸浴 $10 \sim 20 \ min$。

4. 二氯异氰尿酸钠

二氯异氰尿酸钠又名优氯净、鱼康等，为白色结晶性粉末，有氯臭，含有效氯

60% ~ 64%，化学性质稳定，室内放置半年后，有效氯仅降低 0.16%，易溶于水，水溶液呈弱酸性，但稳定性差，配置的水溶液不能久放，应现配现用。

（1）作用与用途　二氯异氰尿酸钠为广谱杀菌消毒剂，杀菌力较强，对细菌繁殖体、芽孢、病毒、真菌孢子都有较强的杀灭作用，常用于清除水污染和防治水产生物的多种细菌性疾病，如鱼类烂鳃病，赤皮，腐皮等细菌疾病，也用于清塘。

（2）用法与用量　①全池泼洒用量为 0.3 ~ 0.4 g/m^3，可防治赤皮病和烂鳃病。②带水清塘每立方米水体用二氯异氰尿酸钠 10 ~ 15 g，10 d 后可放鱼。③口服，每 100 kg 体重鱼日用药量 60 g（或每 10 kg 饲料加二氯异氰尿酸钠 0.1 kg），每天喂 1 次，连喂 3 d，可用于防治细菌性肠炎。

（3）注意事项　①勿用金属器具。②缺氧，浮头前后禁用。③苗种池剂量减半，水质较瘦，透明度高于 30 cm 时，剂量斟减。④无鳞鱼的溃烂、腐皮病慎用。

5. 三氯异氰尿酸

三氯异氰尿酸又名强氯精，为白色结晶性粉末，含有效氯 80% ~ 85%，具有氯臭味，化学性质稳定，微溶于水，水溶液呈酸性，遇酸或碱分解，是一种极强的氧化剂或氯化剂。水中的碱度越大，药效越低，所以与生石灰混用影响三氯异氰尿酸的药效，该药也不能与含磷药物混合使用。

（1）作用与用途　三氯异氰尿酸是一种高效、广谱、低毒、安全的消毒剂，对细菌病毒、真菌、芽孢有较强的杀灭作用，用量在 0.07 ~ 0.10 g/m^3，能杀灭引起鱼类的黏细菌和气单胞菌属的细菌。常用于清塘和防治细菌性疾病，如烂鳃、肠炎、赤皮病等。

（2）用法与用量　①带水清塘消毒，用量为 10 ~ 15 g/m^3，1 h 内可杀灭野杂鱼、虾、蚌、水生昆虫等，10 d 后可放鱼。②防治细菌性疾病全池泼洒，可根据水温确定使用量，一般水温小于 2℃时，用 0.5 g/m^3；水温 28 ~ 30℃时，用 0.4 g/m^3；水温大于 30℃时，用 0.3 g/m^3。

（3）注意事项　①保存于干燥通风处，不能与酸碱类物质混用或合并使用，不与金属器具接触。②药液现用现配，以晴天上午或傍晚施药为宜。③三氯异氰尿酸内服后的药理变化研究尚属空白，所以不应内服。

6. 二氧化氯

二氧化氯又名百毒净，三九鱼泰，化学性质极其稳定，既是一种氧化剂，又是一种含氯制剂，继第一代消毒剂漂白粉、第二代消毒剂优氯精、第三代强氯精后，被称为第四代消毒剂，是世界卫生组织确认的 AI 级广谱、安全、高效消毒剂，广泛用于水产养殖中的病害防治。二氧化氯含有效氯为 226%，是漂白粉含氯量（25%～32%）的 9.2 倍，是二氯异氰尿酸含氯量（60%～64%）的 4.2 倍，易溶于水，消毒作用不受水质酸碱度的影响。

（1）作用与用途　二氧化氯能有效地杀灭水中的细菌、病毒、真菌、细菌芽孢及噬菌体，可氧化分解水中的肉毒杆菌毒素。二氧化氯在 pH 值为 6～10 范围内均能发挥良好的灭菌作用，在 pH 值为 8.5 的水中，灭菌速度比氯快 20 倍。温室养鳖水体中经常含氨，使用二氧化氯可以降低水中氨的毒性。二氧化氯的杀菌能力较强，杀菌作用较氯快，另外，0.3～3 g/m³ 的二氧化氯制剂可使养殖水体中细菌总数下降 92% 以上，并可增加养殖水体中的溶解氧，对无机铵盐的影响明显；0.3 g/m³ 的二氧化氯制剂对浮游植物无明显影响，1.2 g/m³ 以下对水体中的水蚤等浮游动物的影响不明显；2.4 g/m³ 以上可影响水蚤等浮游动物的繁殖和生存；3 g/m³ 可抑制浮游植物的繁殖和生长。

（2）用法与用量　使用稳定性二氧化氯之前，必须水化处理，一般用柠檬酸作为活化剂，二氧化氯与柠檬酸以 1∶1 分别溶解，然后混合活化 5～15 min 后立即使用，如果全池泼洒，可不断加水稀释，均匀泼洒。一般多用于全池泼洒，用量为 0.5～1 g/m³。

（3）注意事项　二氧化氯药液不能用金属容器配置或储存，切记与酸类有机物、易燃物混放，以防自燃。

7. 二溴海因

二溴海因纯品为白色结晶，具有类似漂白粉的味道，工业品一般为黄色或浅黄色固体，微溶于水，在强酸强碱中易分解，干燥时稳定，易吸湿，吸湿后部分溶解，水溶液呈弱酸性。

二溴海因属于广谱、高效、低毒的消毒剂，具有稳定性好、含溴量高和使用方便的特点，在水产养殖中多用于池塘消毒预防和治疗疾病等方面，且在使用中不受水质和盐度的影响。

用法与用量为预防疾病时的用量为 0.15～0.2 g/m³，每 15 d 用药一次。治疗疾病时用药量为 0.3～0.35 g/m³。清塘时的用量为 3～5 g/m³，兑水后全池泼洒，病情严重时，隔日重复一次。

8. 沸石

沸石为多孔隙颗粒，多为白色、粉红色、也有红色或棕色，软质，有玻璃或丝绢光泽（以钠沸石、钙沸石为代表），偶尔也有呈珍珠光泽的。由于沸石有许多分子孔隙，故其具有良好的吸附性、吸水性、可溶性、离子交换性和催化性等优良性状，可用于水产养殖中的水质、池塘底质净化改良剂和环境保护剂。

第三节　水产养殖常用渔药给药途径

为了充分发挥药物的预防与治疗作用，必须选用正确的给药方法。以下是大黄鱼养殖中病害防治常用的给药途径（周世明，2020）。

一、全池泼洒法

全池泼洒法又称遍洒法，是疾病防治中最常用的一种方法。能在短时间内杀灭鱼体体表和鳃上及水体中的寄生虫、细菌和病毒等，具有见效快、疗效高的优点，适用小型水体、池塘、网箱、水泥池等。

一般选用木制、塑料或陶瓷容器，在容器中加入大量的水，使药物充分溶解，中草药则应先切碎，经浸泡或煎煮，然后将药液一边加水稀释，一边均匀地全池泼洒。遍洒法必须准确计算出养殖水体的体积和用药量。

在养殖过程中存在以下几个问题（黎姗梅等，2015）。①有些养殖户没有彻底地了解池塘的实际面积和水深，只是大概地以为有多少面积或者水深，这样一来，在用药时，错误的估算导致单位水体用药量增加或者减少，如增加，不但加大用药成本，还可能给养殖动物带来毒害；如减少，用药效果差或者根本起不到作用。②全池泼洒药物变成绕池一周泼洒。有的水产养殖户缺乏水中运载工具或者偷懒，本来应该全池泼洒的药物，只在池塘周边一圈泼洒就完了。这种施药方法不能使全池水体均匀达到基本相同的浓度，周边一圈浓度高，中间浓度低。这样使用的渔药在中间这一区域达不到防治鱼病的作用。③有些养殖户在上风口开始施药，没有考虑到风力的作用，还是每一区域施用相同浓度的渔药。这样，等风一吹，上风口浓度会变低，效果变差。正确的做法应该是在上风口刚开始用药浓度稍微高一点，到下风的时候可以略微低一点，再后面可以高一点。这样全池的浓度大致可以均匀一些。④有的养殖户在药物还没有完全溶解在水里时就开始泼洒，到最后将剩余的药物和其残渣再泼洒到某一区域。这样同样导致局部区域浓度过高，其他区域浓度偏低，效果不佳。⑤有的养殖户在药物稀释或溶解时，水量太少或者根本不够，导致药物还不能彻底溶于水中。这样一来，药物浓度过高，鱼类或其他水生动物不能承受，导致其中毒甚至死亡。⑥有的养殖户不了解所使用药物的安全浓度，没有在安全浓度以下的剂量作为泼洒浓度，导致浓度偏高，鱼类中毒。⑦全池泼洒用药也有疗程，可能一次泼洒过后效果不明显，还需要第二次泼洒。而有的养殖户天真地以为一次用药就可以达到效果，结果养殖动物没过几天就又暴发疾病。所以，用药必须是持续的，有时候不是药没有效果，而是用药的疗程没有达到，还不能彻底治愈，从而引起继发性的感染。

操作时应注意以下几点（胡琪等，2008）。①时间：一般在上午9:00至下午2:00前的平潮时段。对光敏感药物，宜在傍晚进行泼洒。②天气：雨天和雷雨低气压时不宜泼药，鱼发生浮头时不宜泼药。有风时，应从上风处向下风处泼洒。③安全事项：对人畜有毒的药物，如敌百虫，应注意安全用药，一般须戴口罩和手套等防护用品。对某些药物的药量还应根据池水的肥瘦度、pH值和温度等理化因子的实际情况增减。④急救措施：泼药前应做好应急准备，泼药后应现场观察2～4 h，注意是否有异常现象，以便进行必要的急救。

二、悬挂法

该法又称挂袋法，在食场周围或网箱悬挂盛药的袋或篓，药物溶解形成消毒区，当水产动物来吃食时达到消灭体外病原体的目的。该法有用药量小、方法简便、毒副作用小等优点，但杀灭病原体不彻底，只能杀死食场附近水体中的病原体及来吃食的水产动物体表的病原体。因水产动物是自愿来吃食，所以，该法只适用于预防及疾病早期的治疗，水产动物必须有到食场来吃食的习惯要求，同时药物的最小有效浓度又必须低于水产动物的回避浓度，且这种浓度必须保持不短于水产动物来吃食的时间，一般须持续挂药3 d。而对没有到固定地方吃食的水产动物不能采用该法，如鳜鱼、虾类、蟹类、蚌等。通常每个食场挂袋3～6只，每只内装100～150 g漂白粉或100 g晶体敌百虫。在网箱养殖大黄鱼防治弧菌病和本尼登虫病时常用该方法。

三、浸浴法

浸浴法即将水产生物置于较小的容器或水体中进行大剂量短时间的药浴，以杀死体外的病原体。此法用药量少，疗效好，不污染水体，但操作较复杂，易碰伤机体，且对养殖水体中的病原体无杀灭作用，一般只作为水产生物转池、运输时预防性消毒作用。浸浴时应先配药液，后放浸浴对象。

四、注射法

注射法，就是通过注射针头把药液或疫苗，注入鱼类身体内，达到预防或防治各种病虫目的。注射法，用药精准，吸收速度快，病虫预防或防治效果很好，特别是在保护名贵鱼类和繁殖亲本时，使用注射法，效果特别显著。

具体操作方法：先将注射器吸入药液或疫苗，然后把针头朝上，排出针具内的空气，再注入鱼类腹部或肌肉部位即可。必须注意的是，注射针头要避开鱼类心脏部位，否则会造成鱼类死亡（周世明等，2020）。

五、口服法

口服法又称投喂法，就是将药物拌入饵料中搅拌均匀后投喂，以达到内服治病或预防疾病的目的。该法常用于增加营养、病后恢复及体内病原生物感染等，特别是细菌性肠炎病和寄生虫病。在鱼病较轻、摄食能力未明显下降时疗效较好。

使用该法应注意以下几点。①对症下药。鱼发病后，首先要弄清鱼患了什么病，才能决定是"内服"还是"外消"。如是肠炎病，必须用药饵内服治疗才行，而水霉病则用水体消毒，鱼体表杀菌即可。②应当选择鱼类适口的饲料配制药饵，药物与饲料充分混合均匀。③应当根据水产动物的体重来计算标准的用药量。需把与病鱼食性相近或相同的其他鱼的消耗量也计算进去。④应当熟知药物的剂型和饲料、饵料的关系，避免药物损失。如脂溶性药物可采用与相当饲料重量 5% ~ 10% 的油（明太鱼油）混合后方可和颗粒和微粒饲料混合。此外，还可使用黏合剂，以有效防止药物散失。⑤可以在药饵中添加适量的诱食剂，提高病鱼的摄食欲望，多食药饵，提高疗效。⑥在投喂药饵前最好先停食 1 d，让鱼群饥饿。天气正常时，一般在上午 1 次投喂全天饵料量为宜。⑦投喂量应比平时减少，一般采用平时投喂量的一半为宜，精心投喂，使病鱼充分食到药饵，提高疗效。⑧内服药饵必须连续投喂 1 个疗程（一般 3 ～ 5 d 或 7 d），或待鱼停止死亡后，再继续投喂 1 ～ 2 d，不要过早停药。因为过早停药，鱼体内的病原菌未被全部消灭，容易复发。

六、涂抹法

该法仅适用于对产卵亲鱼的保护，其用药量少，方便安全、无副作用等特点，涂抹时注意将水产动物的头部朝上，防止药液进入鳃部和口腔，产生危险。通常采用高锰酸钾、红霉素药膏、金霉素药膏等。

以上几种给药方法，除了注射和口服属于体内用药外，其他给药方法均属于体外给药。

注意在一天内，晴天 9:00 ～ 10:00（夏季为 8:00 ～ 9:00）为最佳用药时间（指泼洒用药）。但并不是所有药物都在这段时间使用最好，如高锰酸钾、甲醛、二氧化氯等，这些药物则要求在阳光较弱的环境下使用较好，如傍晚前后或清晨，但应随时注意增氧或加换新水。

第四节　大黄鱼常见病害及其防治方法

本节主要梳理了现阶段大黄鱼养殖过程中存在的常见细菌性疾病、病毒性疾病、寄生虫病、非病原性疾病的主要症状及其防治方法（郑天伦等，2005；王国良等，2013；何祥楷，2013；方伟等，2016；陈静等，2020；郭志文，2020）。

一、大黄鱼常见细菌性疾病及其防治方法

1. 肠炎病

（1）病原

嗜水气单胞菌早在 1991 年就有因嗜水气单胞菌的感染引致蛙"红腿病"的报道，嗜水气单胞菌广泛分布于自然界的各种水体中，是多种水生动物的原发性致病菌，也是一种条件致病菌，是典型的人 – 兽 – 鱼共患病病原菌（Suarez et al., 2012；秦莉等，2014）。

嗜水气单胞菌能引起多种水产养殖动物病害，如锦鲤（Saitanu et al., 1982）、黄

颖鱼（蒋自立等，2012）、青鱼（梁利国等，2013）、尼罗罗非鱼（杨宁等，2014）等，也有报道发现嗜水气单胞菌能感染大黄鱼，引起体表和内脏出血，导致鱼体死亡（曹军等，2007；Mu et al., 2010）。

嗜水气单胞菌是革兰氏阴性的短杆菌，单个或成对排列，长 0.5 ~ 1.0 μm。极端单鞭毛，有运动力，无荚膜，不产生芽孢，兼性厌氧。生长合适的 pH 值为 5.6 ~ 9.0。最适生长温度为 25 ~ 35℃，最低 0 ~ 5℃，最高 38 ~ 41℃，在 45℃存活不超过 48 h，在营养琼脂上形成圆整、隆起、平滑、透明的菌落，颜色由白至浅黄色，并带有特殊的气味（陆承平，1992）。

（2）症状

病鱼腹部膨胀，内有大量积水，轻按腹部，肛门有淡黄色黏液流出。有的病鱼皮肤出血，鳍基部出血，解剖病鱼，肠道发炎，肠壁发红变薄。

（3）流行阶段

主要为 4 ~ 9 月，具有病程短，致病力强等特点。

（4）治疗方法

立即停饵 1 ~ 2 d，然后按大蒜素 1 ~ 2 g/kg 饲料拌饵投喂 3 ~ 5 d。

2. 弧菌病

（1）病原

大黄鱼溃疡病是最为常见、发病最广、危害最大的一种疾病。它可由鳗弧菌、副溶血弧菌、溶藻弧菌、哈维氏弧菌创伤弧菌等多种致病弧菌引起，这些致病弧菌均是条件致病菌（王国良，2008），其发病率和死亡率之高给大黄鱼养殖业带来严重经济损失（郑天伦，2006）。

（2）症状

此病的典型特征是体表形成溃疡，尤其是头部和尾部溃烂，所以又称烂头烂尾病。感染初期，体色多呈板块状褪色，食欲不振，缓慢浮于水面，有时回旋游泳。随病情发展，鳞片脱落，吻端鳍膜烂掉，眼内出血，肛门红肿扩张，常有黄色黏液流出（林树根等，2001）。

（3）流行情况

水温 20℃以上开始流行此病，这种疾病病程短，范围广，死亡率高。一般在 6 ~ 10 月较为流行，7 ~ 8 月是发病高峰期，死亡率高达 80%（金珊等，2005）。在一定温度内副溶血弧菌、溶藻弧菌、哈维氏弧菌随着温度升高感染率增加。3 种弧菌对不同鱼龄的大黄鱼的感染率存在一定差异性，表现为溶藻弧菌对 2 龄鱼的感染率较高，副溶血弧菌和哈维氏弧菌均表现为对 3 龄鱼的感染率较高（葛明峰，2014）。

（4）治疗方法

引起大黄鱼弧菌病的主要病原菌为溶藻弧菌和副溶血性弧菌（曹际等，2018；蔡林婷等，2013）。有研究表明，甲氧苄啶类和磺胺类药物联合、氯霉素以及环丙沙星等对从大黄鱼体内分离的溶藻弧菌具有较强的抑制作用（金珊等，2002）。但抗生素的使用不仅会造成环境污染还会使鱼体中的致病菌产生耐药性。中草药对大黄鱼中溶藻弧菌的抑菌作用相对较弱（郑天伦等，2005）。相对而言，近年来化学类消毒剂在水产养殖病害防治中得到了一定程度应用（秦志华等，2006；张玮等，2007；张慧等 2010）。如无色无味的聚六亚甲基双胍（PHMB）和双氧水在对虾、白点鲑等海产养殖动物的弧菌病害防治中均表现出较好的抑菌效果，而作为广谱消毒剂的聚维酮碘（PVP-I）对水产动物细菌性疾病有一定的防治作用（刘志轩等，2018）。对虾养殖过程中中药活性碘在抑制弧菌上优于其他几种消毒剂（陈静等，2020）。

3. 假单胞菌病（内脏白点病）

（1）病原

从病鱼的肝脏、脾脏中分离出的优势菌为假单胞菌，菌体细胞呈短杆状，在菌体的一端有 1 ~ 6 根鞭毛，有运动力。其种类有门多萨假单胞菌、铜绿假单胞菌、恶臭假单胞菌。

（2）症状

病鱼活动力下降，离群缓慢游动，摄食减少甚至不摄食，鱼体外表及鳃部无寄生物或溃疡。解剖发现病鱼脾脏暗红色有许多白点状结节，大小在 1 mm 以下，肾脏也有许多白色结节，大的在 2 mm 左右，结节内为死亡的细菌，在结节周围有许多活的细菌（沈锦玉等，2008），胃肠内容物很少。大黄鱼内脏白点病多暴发于冬末春初，由于养殖海域水温低（14 ~ 18℃）（陈宇，2019），大黄鱼摄食能力降低，鱼体免疫力减弱，导致变形假单胞菌大量生长，通过血液循环进入脾脏、肾脏和肝脏等器官，组织病理观察发现受病原菌入侵的靶器官组织结构病变严重，组织崩解，含铁血黄素沉积，大量变形假单胞菌在细胞间积聚，入侵细胞内部，造成鱼体生理代谢紊乱，最终导致鱼体无法维持正常生命活动而死亡（张丹枫等，2017；陈宇，2019）。

（3）流行情况

该病发生在大黄鱼越冬期间，对大黄鱼来说是一种多发病症，在脾脏和肾脏都有许多白点状结节，病症严重的鱼会死亡。假单胞菌引起的疾病在世界各地的温水性或冷水性的海、淡水鱼中都可能发生。稚鱼消化不良、放养密度过大、饵料鲜度不好等因素都可以引起该病的发生和流行。

（4）防治措施

预防此病可合理控制养殖密度，改善水质环境，合理投喂饵料，保持养殖环境生态平衡，合理使用抗生素。病原对多西环素、四环素敏感，发病时在饵料中添加1‰ ~ 2‰ 的抗生素，连投 3 d。

4. 诺卡氏菌病（疖疮病）

诺卡氏菌是革兰氏阳性菌、抗酸或不抗酸、气生菌丝有或无，一般也断裂。菌体分枝成丝状。诺卡氏菌广泛分布于自然界的水源中，是一种条件致病菌。

（1）病原

引起鱼类诺卡氏菌病的细菌主要有星形诺卡氏菌、鱼类诺卡氏菌和杀鲑诺卡氏菌。鱼类诺卡氏菌病在每年的 4 ~ 11 月皆可发生，发病高峰主要集中在 6 ~ 10 月，在水温 25 ~ 28℃时发病最为严重，死亡率最高。该病潜伏期长，从感染到发病一般需要 15 ~ 20 d，一旦鱼发病预后极差，采用抗生素疗效一般，死亡率高，给我国渔业造成严重的经济损失。（陈海新等，2021）。

（2）症状

诺卡氏菌进入宿主体内后可以逃离体内免疫细胞特别是巨噬细胞的杀灭，诺卡氏菌病周期漫长，初期诺卡氏菌数量较少，引起的炎症症状不明显，后期诺卡氏菌大量繁殖且难以被免疫细胞杀灭，会引起严重的炎症反应，同时机体不断修复损伤组织，最后形成肉芽肿，外观表现为结节，严重时形成脓肿或者瘘管。根据体征、内脏表现和镜下观察可做出初步推测，最终确诊需要生物技术的验证，其中环介导恒温扩增技术（LAMP）检测方法比传统 PCR 方法更为灵敏、快速和方便。肉芽肿包裹着大量的诺卡氏菌和坏死组织，虽然可阻止细菌扩散，但同时也阻止了抗生素等药物进入病灶，导致药物疗效一般。鱼类诺卡氏菌病前期无肉芽肿阻碍，早期使用药物可以大大提高药物疗效，改善病鱼预后。

（3）防治措施

鱼类诺卡氏菌病的防治主要依靠抗生素、疫苗和中草药等。目前，国家禁止在渔业中使用多数对鱼类诺卡氏菌病有效的抗生素，反复使用几种抗生素不可避免地会出现耐药，且抗生素还会残留在鱼体内和水体中，不仅危害人类健康，而且污染环境。养殖户为了经济效益，不规范使用抗生素更是加剧了这种情况的发生。疫苗防治鱼类诺卡氏菌病有着广阔的前景，尽管有一些疫苗已经问世，但仍然处于实验室阶段，目前尚无针对鱼类诺卡氏菌病的商业疫苗，疗效还需时间检验。中草药已经有几千年临床使用经验，且来源广泛、价格低廉、疗效肯定、可防可治、不易耐药，对于治疗鱼类诺卡氏菌病有着巨大优势，但目前关于中草药防治鱼类诺卡氏菌病的研究较少，需要进一步研究。

二、大黄鱼常见病毒性疾病及其防治方法

1. 虹彩病毒（白鳃病）

（1）病原

病毒为虹彩病毒，在病鱼的肝、肾、脾脏、肠、鳃等处都可发现。1980 年在国内首次报道了人工养殖大黄鱼幼鱼脾脏虹彩病毒感染的电镜观察。虹彩病毒科包括许多昆虫病毒和动物病毒。由于病毒粒子的离心沉淀物可呈现不同的虹色光彩，故称为虹彩病毒。虹彩病毒毒粒呈大 20 面体立体对称，共有 150 个壳粒，直径 120 ~ 300 nm。病毒基因组为单分子双链 DNA，分子量为 100 ~ 250 MD。DNA 链的两端带有一基因组，谓之末端过剩，而且不同分子的两端不同，谓之环状变换，这在动物病毒中是十分独特的（何爱华等，1999）。

（2）症状

虹彩病毒病的主要表现症状为病鱼游动迟缓，离群独游，鳃丝变白或伴有出血点，肝脏肿大变白或呈土黄色，脾脏肿大，肾脏充血肥大。部分病鱼体色变黑，下颌至腹部充血发红，眼眶四周充血，发病严重时个别病鱼眼球突出。在临床诊断中，该病以肝脏、脾脏肿大为主要特征。上述症状可初步诊断，确诊需要电镜观察。

（3）流行情况

高温期 7 ~ 9 月是发病高峰期，水温为 25 ~ 28℃。该病流行范围很广，在海水网箱养殖中可见。湾口处较轻，发病率为 5% ~ 10%，死亡率为 3% ~ 5%；湾底处较严重，发病率为 25% ~ 55%，死亡率为 15% ~ 33%。该病与游动空间小，饵

料投喂不当和环境不良有关。

（4）防治措施

目前，鱼类病毒性疾病仍无有效的治疗药物，因此对大黄鱼的病毒性疾病以预防为主。防治该病重在预防，治疗时不得使用菊酯类、有机磷类、强氯精等强刺激性杀虫、杀菌药物，养殖水体不得大排大灌，否则会因外来刺激导致病鱼死亡量增加。治疗可选择全池泼洒聚维酮碘。水质不良时，选用过硫酸氢钾或高铁酸钾等强氧化剂调节水质，同时内服多糖类免疫增强剂 + 复合多维制剂 + 保肝护肝制剂；并发细菌性疾病时，可内服氟苯尼考 + 盐酸多西环素 + 维生素 K 3 粉（郭志文等，2020）。另外，发生该病的养殖池塘，减少投饵量或停食 1 ~ 2 d，可较好地减轻病情。

三、大黄鱼常见寄生虫性疾病及其防治方法

1. 刺激隐核虫病（白点病）

随着大黄鱼养殖产业的快速发展，各种病害也随之频繁发生，给产业造成了巨大的经济损失，其中由刺激隐核虫寄生感染而引起的"白点病"成为大黄鱼养殖生产中危害最为严重的病害之一。该病的传染速度极快，且具有非常高的发病率和死亡率，控制不及时，1 ~ 2 d 内即可造成 85% 的养殖鱼类死亡。

（1）病原

病原为刺激隐核虫又名海水小瓜虫，虫体球形或卵形，长径为 0.4 ~ 0.5 mm，全身披纤毛，前端有一胞口，有 4 个卵圆形组合成的呈马蹄状排列的念珠状大核。刺激隐核虫生活史可以分为营养体和包囊两个时期，营养体时期是寄生在鱼体上的时期，其发育过程为：游荡于水中的纤毛幼虫遇到适宜的宿主鱼时，就钻入鱼的体表或者鳃的上皮组织内，不断旋转运动以鱼的上皮组织为食，逐渐生长发育。周围的组织受到虫体刺激后，形成白色的膜囊将虫体包住，虫体在膜囊内长成以后，破膜而出，离开鱼体，暂时游泳于水中，静止不动，自身分泌出薄膜将虫体包住，成为包囊，包囊逐渐加，略成球形，直径为 200 ~ 300 μm。虫体在包囊内进行分裂增殖，经多次分裂，可形成 200 多个的囊内纤毛幼虫。纤毛幼虫冲破包囊在水中游走遇到鱼体后就附着表面，钻入上皮组织之下，开始新的寄生生活。整个生活史周期需 7 ~ 12 d，水温的高低对生活史的周期时间有影响，水温高则周期时间短，水温低则周期时间长（刘振勇等，2010）。

（2）症状

大黄鱼各发育阶段的鱼都可能患该病，用肉眼观察水中的鱼，其体表上有许多小白点（离水后看不到小白点），又称为白点病。刺激隐核主虫要寄生在鱼的皮肤，鳍、鳃瓣上，在眼角膜和口腔等与外界接触的地方也都可寄生。刺激隐核主虫在皮肤上寄生的很牢固，必须用镊子等用力刮才能刮下。病鱼的皮肤和鳃因受刺激分泌大量黏液，严重者体表形成一层浑浊的白膜，皮肤上有许多点状充血，体表呈粉红色。

（3）流行情况

室内亲鱼、鱼苗培养，1～4月；养殖大黄鱼，5～7月。刺激隐核虫继发细菌感染是大量死亡的主要原因（刘振勇等，2012）。吴后波等（2003）首次发现病原性创伤弧菌能产生分解明胶的蛋白酶，没有明显的底物特性，可直接造成广泛的组织损伤，从而利于该菌突破宿主的防线并在体内迅速扩散。吴后波等（2003）和Carruthers（1981）认为毒力很强的病原弧菌具有适应宿主体内环境并在宿主体内生长繁殖的能力、抵抗宿主特异性及非特异性免疫清除的能力以及分泌多种毒力因子的能力；它会从感染部位扩散到全身组织器官，并随血流扩散到肝、脾、肾等靶器官后，进行大量增殖；随着病原弧菌的大量增殖，蛋白酶和外毒素的大量产生，直接破坏宿主组织的结构和功能，加之红细胞被外毒素大量破坏，机体最终因各脏器功能衰竭而死亡。

（4）防治措施

对室内亲鱼和鱼苗，用淡水加安全抗生素浸浴3～15 min，隔天1次；对网箱中的病鱼于夜间连续数天吊挂"白片"（三氯异氰尿酸缓释剂）和"蓝片"（硫酸铜与硫酸亚铁合剂缓释剂）。

2. 本尼登虫病

（1）病原

本尼登虫（沿海渔民称"白蚁仔"）为一种世界性海水养殖鱼类常见的病原生物，在分类学上隶属于扁动物门，单殖吸虫纲，分室科，本尼登虫亚科。我国报道的养殖鱼类本尼登虫病病原有：梅氏新本尼登虫、康吉新本尼登虫、石斑本尼登虫和鰤本尼登虫等，其中以梅氏新本尼登虫的危害最为严重。梅氏新本尼登虫主要寄生于海水鱼类的体表、鳍、眼、鼻和鳃腔，寄生后吞食宿主鱼的黏液和上皮组织细胞，导致宿主体表溢血、发炎及黏液的大量分泌，进而宿主鱼停止摄食、身体变暗、无规则的游动及常常与网箱等硬物摩擦致使鱼皮肤溃烂，感染严重的宿主眼睛突出、变白、似白内障症状，严重者眼球红肿、充血、甚至脱落，病鱼不久即因脏器衰竭而死亡。梅氏新本尼登虫分布广泛，宿主专一性极低、可寄生于100多种海水鱼。虫体椭圆扁平、白色、大小相差较大为0.5～6.6 mm，虫体前突，两侧有两个小圆形的前吸器，后端有一卵圆形的后吸器，后吸盘比前吸盘大的多，中央有两对锚钩。

（2）症状

该虫寄生在鱼表各个部位，用后吸盘附着在鱼皮肤上或鳞片下，摄取鱼体上皮细胞，血球。病鱼黏液分泌过多，焦躁不安，不断狂游或摩擦网箱壁。病鱼局部鳞片脱落，眼球发红、烂尾、烂头，往往继发性细菌感染、溃疡。

（3）流行情况

发病高峰期在9月上旬至11月中旬，低密度海区不易发生该病。在发病高峰期，病鱼食欲减退，由于体表溃疡引发细菌感染而致死亡，死亡率达10%。

（4）防治措施

①物理方法　有研究显示较低的盐度能够有效地控制梅氏新本尼登虫的感染。亦有研究发现该虫的钩毛蚴具有正趋光性，集中在较亮的地方。我们利用钩毛蚴的正趋光性，进行遮阴处理，同时设法降低养殖水体的盐度，可大幅度减少（70%左右）本尼登虫的感染。淡水浸泡是目前防治本尼登虫病最为安全、有效的方法，用淡水浸泡病鱼5～10 min（具体时间视鱼的反应而定），虫体即自行脱落。建议在淡水中加入抗菌或杀菌类药物，以防虫咬及浸泡碰伤后的继发性感染。此法需要注意的是短时间浸泡难以杀死虫卵。浸泡过病鱼的淡水决不能随便混入养殖水体中。

②生物防治　通过放养一些食虫的鱼虾来进行生物防控。如放养一定数量的鰕虎鱼，可显著降低鱼类寄生梅氏新本尼登虫的数量。

③药物治疗　投喂含抗虫药吡喹酮的饲料，可降低梅氏新本尼登虫的感染强度，且低浓度长时间的添加吡喹酮效果更佳。另有研究表明，含有大蒜素的大蒜提取物能够很好地防治本尼登虫病，投喂添加大蒜提取物的饲料能够防止梅氏新本尼登虫的感染。由上可知，对本尼登虫的防治已有一些有效的措施和方法，但在实际生产与应用中却存在操作不便、实施麻烦的问题。尚需进一步研究其他防控方法，如免疫防治等。目前的养殖生产中，若在本尼登虫病高发季节，将遮阴处理与淡水浸泡及药物预防结合起来，则能大大降低本尼登虫的感染率与感染强度，有效地控制本尼登虫病的暴发（方伟等，2016）。

3. 瓣体虫病

（1）病原

病原体为石斑瓣体虫，布娄克虫是其同物异名，是原生动物中纤毛虫的一种，虫体腹部平坦，椭圆形或卵形，大小（43 ～ 81）μm×（29 ～ 55）μm。腹部有一圆形胞口和漏斗状口管，有一椭圆形大核和一圆形小和小核，大核之后有一花瓣状折光瓣体。腹面左右侧各有 12 ～ 14 条纤毛线，中间 5 ～ 8 条纤毛线，背面裸露无纤毛（刘振勇等，1998）。

（2）症状

寄生在大黄鱼的体表皮肤和鳃上，寄生处出现大小不一的白斑。病鱼游泳无力，独自浮游于水面，鳃部严重贫血呈灰白色并黏附许多污物，呼吸困难，病鱼的胸鳍向前方伸直鳃盖张开，患病鱼离群缓慢游动，头顶变红。刮取体表黏液或剪下少许鳃丝做成湿片在显微镜下观察。

（3）流行情况

水温 25℃以上时易于发病，主要危害 20 ～ 50 mm 的鱼苗。

（4）防治措施

在鱼种培育过程中，约 10 d 换网一次，及时分稀培育，在发病高峰期，治疗措施有：①用福尔马林 200 ～ 250 mL/m³ 的海水浸洗 20 min，浸洗容器用帆布桶或台湾桶，浸洗时密度控制在 25 ～ 35 尾 / L，并要充气增氧，捞去死鱼。②浸洗后在饵料中添加 2‰ ～ 3‰ 的抗菌素（如链霉素、四环素、红霉素等），投喂 6 d。浸洗后瓣体虫即可脱落或被杀死，第二天病鱼基本恢复正常。

4. 淀粉卵涡鞭虫病

（1）病原

淀粉卵涡鞭虫病是育苗室养殖亲鱼和培育仔稚鱼的主要病害之一，其病源主要为眼点淀粉卵涡鞭虫，又称为眼点淀粉卵甲藻（王国良等，2013）。虫体内含有淀粉粒，成虫用假根状突起固着在鱼体上。寄生期的虫体为营养体，营养体成熟后形成孢囊，虫体在孢囊内用二分裂法反复进行分裂，最后形成几百个涡孢子冲出孢囊，在水中游泳，涡孢子遇到宿主鱼就会附着上去，成为营养体。

（2）症状

主要寄生在鱼的鳃上，其次是体表皮肤和鳍，病情严重的肉眼可见许多小白点。

病鱼游泳缓慢，浮于水面，鳃盖开闭不规则，口常不能闭合，有时喷水，呼吸困难。

（3）流行情况

闽东地区每年 3 ~ 6 月及 9 ~ 10 月都会发生。3 ~ 6 月时，主要是各大黄鱼人工育苗场亲鱼及仔鱼的培育。

（4）防治措施

①淡水浸洗。淡水浸洗是最经济、简便和有效的方法。淡水浸洗患病鱼苗 2 ~ 3 min 可使大部分营养体脱落，浸洗后将鱼苗转移到已消毒的池子。每隔 3 ~ 4 d 后重复浸洗 1 次。②硫酸铜泼洒。使用硫酸铜硫酸亚铁合剂（5 : 2），使池水浓度达 0.8 ~ 1.2 mg/L，药浴 2 h，连用 4 d；或用浓度为 10 ~ 12 mg/L 的硫酸铜硫酸亚铁溶液浸洗 5 ~ 8 min，每天 1 次，连用 4 d。③双氧水与高锰酸钾合用。使用双氧水和高锰酸钾混合液 1 mg/L 进行药浴 30 min（或视病苗体质适当调整药浴时间），隔天重复药浴 1 次。高锰酸钾处理后，虫体从鱼体身上脱落，部分虫体结构被破坏溶解死亡，未被破坏虫体继而将形成包囊落至池底，少部分仍然会残留在鳃黏液里（何祥楷，2013）。

四、大黄鱼常见非病原性疾病及其防治方法

非病原性疾病其病因不是由病原生物引起的疾病，其病因主要有营养不良、环境因素等。

1. 肝胆综合征

（1）病因

主要是大量或长期投喂腐败或冷冻的冰鲜饲料，或长期使用抗生素、化学合成类药物和杀虫剂，损伤鱼体肝脏而成。

（2）症状

病情较轻的鱼体，其体色、体形等无明显改变，仅表现为游动无力或有时烦躁不安，甚至痉挛窜游。肝脏病变的类型有：①脂肪肝，肝组织中大量的脂肪积累，形成黄、白相间的"花肝"；②肝瘀血，颜色呈暗红色，形成"红肝"，其胆囊膨大，胆汁充盈，颜色呈艳红色；③肝胆汁淤积，颜色变深，形成"绿肝"，其胆囊膨大，局部呈绿色。当发现养殖鱼食欲不振，体表无明显症状和内脏有上述症状时，结合检查投喂饲料质量和用药史即可诊断（林永添等，2004）。

（3）流行情况

夏秋季易发生此症，病鱼陆续死亡。

（4）防治措施

投喂新鲜饵料或优质的配合饵料，控制好饵料中脂肪含量和各种营养成分的配比，适当控制投饵量。谨慎使用病害防治药物，避免长期、过量使用抗生素、化学合成类药物和杀虫剂。在养殖过程中适当添加保肝利胆的药物（处方：多种维生素5 g/kg、黄肝胆5 g/kg，拌饵投喂，连用5 d），以改善肝脏的功能。

2. 卵巢滞产征

（1）病因

雌性大黄鱼卵巢中的卵细胞成熟后，无法自引排卵，便在卵巢中吸水膨胀，发生滞产而死，总死亡率可达20%。

（2）症状

病鱼腹部膨胀，游动迟缓；解剖观察，卵巢几乎占满整个腹腔，卵粒模糊。

（3）流行情况

春季秋季繁殖期。

（4）防治措施

扩大游动空间，控制适宜密度，使用优质饲料，在繁殖季节前，适当减少饵料投喂量。

3. 胀鳔病

（1）病因

大黄鱼的异常胀鳔为营养性疾病，致病原因是鱼苗体内缺乏EPA和DHA等n-3HUFA系列高度不饱和脂肪酸的营养。具体原因是投喂的轮虫和卤虫幼体等饲料的高度不饱和脂肪酸营养不够，或是缺乏桡足类之类生物饵料（王丹丽等，2006）。

（2）症状

病苗表现为腹部肠管与体壁之间出现硕大的"鳔泡"，使鱼苗摄食受阻、游动困难，常腹朝上浮于水面，堆积于池角，不久因能量耗尽消瘦而死，此现象多出现在孵化后18 ~ 20 d。

（3）流行情况

大黄鱼鱼苗的异常胀鳔病是在大黄鱼人工育苗期间，主要发生在大黄鱼的仔稚鱼阶段。

（4）防治措施

该病发生后，其治疗相当困难，重点在于预防，主要措施有：①投喂的轮虫用刚增殖的 1 500 ~ 2 000 万个 /mL 浓缩绿球藻液进行 6 h 以上的二次强化培养。当小球藻液水色变淡，而强化的轮虫体色变绿时，即可收集投喂。投喂的卤虫无节幼体要经乳化鱼肝油等进行强化后投喂。投喂富含高度不饱和脂肪酸的桡足类及其幼体。②配合投喂营养全面的微颗粒人工饲料。

附录 1

《关于加快推进水产养殖业绿色发展的若干意见》

（农渔发〔2019〕1号）

农业农村部　生态环境部　自然资源部　国家发展和改革委员会　财政部　科学技术部　工业和信息化部　商务部　国家市场监督管理总局　中国银行保险监督管理委员会　关于加快推进水产养殖业绿色发展的若干意见

各省、自治区、直辖市人民政府，国务院各部委、各直属机构：

近年来，我国水产养殖业发展取得了显著成绩，为保障优质蛋白供给、降低天然水域水生生物资源利用强度、促进渔业产业兴旺和渔民生活富裕做出了突出贡献，但也不同程度存在养殖布局和产业结构不合理、局部地区养殖密度过高等问题。为加快推进水产养殖业绿色发展，促进产业转型升级，经国务院同意，现提出以下意见。

一、总体要求

（一）指导思想。全面贯彻党的十九大和十九届二中、三中全会精神，以习近平新时代中国特色社会主义思想为指导，认真落实党中央、国务院决策部署，围绕统筹推进"五位一体"总体布局和协调推进"四个全面"战略布局，践行新发展理念，坚持高质量发展，以实施乡村振兴战略为引领，以满足人民对优质水产品和优美水域生态环境的需求为目标，以推进供给侧结构性改革为主线，以减量增收、提质增效为着力点，加快构建水产养殖业绿色发展的空间格局、产业结构和生产方式，推动我国由水产养殖业大国向水产养殖业强国转变。

（二）基本原则。坚持质量兴渔。紧紧围绕高质量发展，将绿色发展理念贯穿于水产养殖生产全过程，推行生态健康养殖制度，发挥水产养殖业在山水林田湖草系统治理中的生态服务功能，大力发展优质、特色、绿色、生态的水产品。

坚持市场导向。处理好政府与市场的关系，充分发挥市场在资源配置中的决定性作用，增强养殖生产者的市场主体作用，优化资源配置，提高全要素生产率，增强发展活力，提升绿色养殖综合效益。

坚持创新驱动。加强水产养殖业绿色发展体制机制创新，完善生产经营体系，发挥新型经营主体的活力和创造力，推动科学研究、成果转化、示范推广、人才培训协同发展和一、二、三产业融合发展。

坚持依法治渔。完善水产养殖业绿色发展法律法规，加强普法宣传、提升法治意识，坚持依法行政、强化执法监督，依法维护养殖渔民合法权益和公平有序的市场环境。

（三）主要目标。到 2022 年，水产养殖业绿色发展取得明显进展，生产空间布局得到优化，转型升级目标基本实现，人民群众对优质水产品的需求基本满足，优美养殖水域生态环境基本形成，水产养殖主产区实现尾水达标排放；国家级水产种质资源保护区达到 550 个以上，国家级水产健康养殖示范场达到 7 000 个以上，健康养殖示范县达到 50 个以上，健康养殖示范面积达到 65% 以上，产地水产品抽检合格率保持在 98% 以上。到 2035 年，水产养殖布局更趋科学合理，养殖生产制度和监管体系健全，养殖尾水全面达标排放，产品优质、产地优美、装备一流、技术先进的养殖生产现代化基本实现。

二、加强科学布局

（四）加快落实养殖水域滩涂规划制度。统筹生产发展与环境保护，稳定水产健康养殖面积，保障养殖生产空间。依法加强养殖水域滩涂统一规划，科学划定禁止养殖区、限制养殖区和允许养殖区。完善重要养殖水域滩涂保护制度，严格限制养殖水域滩涂占用，严禁擅自改变养殖水域滩涂用途。

（五）优化养殖生产布局。开展水产养殖容量评估，科学评价水域滩涂承载能力，合理确定养殖容量。科学确定湖泊、水库、河流和近海等公共自然水域网箱养殖规模和密度，调减养殖规模超过水域滩涂承载能力区域的养殖总量。科学调减公共自然水域投饵养殖，鼓励发展不投饵的生态养殖。

（六）积极拓展养殖空间。大力推广稻渔综合种养，提高稻田综合效益，实现稳粮促渔、提质增效。支持发展深远海绿色养殖，鼓励深远海大型智能化养殖渔场建设。加强盐碱水域资源开发利用，积极发展盐碱水养殖。

三、转变养殖方式

（七）大力发展生态健康养殖。开展水产健康养殖示范创建，发展生态健康养殖模式。推广疫苗免疫、生态防控措施，加快推进水产养殖用兽药减量行动。实施配合饲料替代冰鲜幼杂鱼行动，严格限制冰鲜杂鱼等直接投喂。推动用水和养水相结合，对不宜继续开展养殖的区域实行阶段性休养。实行养殖小区或养殖品种轮作，降低传统养殖区水域滩涂利用强度。

（八）提高养殖设施和装备水平。大力实施池塘标准化改造，完善循环水和进排水处理设施，支持生态沟渠、生态塘、潜流湿地等尾水处理设施升级改造，探索建立养殖池塘维护和改造长效机制。鼓励水处理装备、深远海大型养殖装备、集装箱养殖装备、养殖产品收获装备等关键装备研发和推广应用。推进智慧水产养殖，引导物联网、大数据、人工智能等现代信息技术与水产养殖生产深度融合，开展数字渔业示范。

（九）完善养殖生产经营体系。培育和壮大养殖大户、家庭渔场、专业合作社、水产养殖龙头企业等新型经营主体，引导发展多种形式的适度规模经营。优化水域滩涂资源配置，加强对水域滩涂经营权的保护，合理引导水域滩涂经营权向新型经营主体流转。健全产业链利益联结机制，发展渔业产业化经营联合体。建立健全水产养殖社会化服务体系，实现养殖户与现代水产养殖业发展有机衔接。

四、改善养殖环境

（十）科学布设网箱网围。推进养殖网箱网围布局科学化、合理化，加快推进网箱粪污残饵收集等环保设施设备升级改造，禁止在饮用水水源地一级保护区、自然保护区核心区和缓冲区等开展网箱网围养殖。以主要由农业面源污染造成水质超标的控制单元等区域为重点，依法拆除非法的网箱围网养殖设施。

（十一）推进养殖尾水治理。推动出台水产养殖尾水污染物排放标准，依法开展水产养殖项目环境影响评价。加快推进养殖节水减排，鼓励采取进排水改造、生物净化、人工湿地、种植水生蔬菜花卉等技术措施开展集中连片池塘养殖区域和工厂化养殖尾水处理，推动养殖尾水资源化利用或达标排放。加强养殖尾水监测，规范设置养殖尾水排放口，落实养殖尾水排放属地监管职责和生产者环境保护主体责任。

（十二）加强养殖废弃物治理。推进贝壳、网衣、浮球等养殖生产副产物及废弃物集中收置和资源化利用。整治近海筏式、吊笼养殖用泡沫浮球，推广新材料环保浮球，着力治理白色污染。加强网箱网围拆除后的废弃物综合整治，尽快恢复水域自然生态环境。

（十三）发挥水产养殖生态修复功能。鼓励在湖泊水库发展不投饵滤食性、草食性鱼类等增养殖，实现以渔控草、以渔抑藻、以渔净水。有序发展滩涂和浅海贝藻类增养殖，构建立体生态养殖系统，增加渔业碳汇。加强城市水系及农村坑塘沟渠整治，放养景观品种，重构水生生态系统，美化水系环境。

五、强化生产监管

（十四）规范种业发展。完善新品种审定评价指标和程序，鼓励选育推广优质、高效、多抗、安全的水产养殖新品种。严格新品种审定，加强新品种知识产权保护，激发品种创新各类主体积极性。建立商业化育种体系，大力推进"育繁推一体化"，支持重大育种创新联合攻关。支持标准化扩繁生产，加强品种性能测定，提升水产养殖良种化水平。完善水产苗种生产许可管理，严肃查处无证生产，切实维护公平竞争的市场秩序。完善种业服务保障体系，加强水产种质资源库和保护区建设，保护我国特有及地方性种质资源。强化水产苗种进口风险评估和检疫，加强水生外来物种养殖管理。

（十五）加强疫病防控。落实全国动植物保护能力提升工程，健全水生动物疫病防控体系，加强监测预警和风险评估，强化水生动物疫病净化和突发疫情处置，提高重大疫病防控和应急处置能力。完善渔业官方兽医队伍，全面实施水产苗种产地检疫和监督执法，推进无规定疫病水产苗种场建设。加强渔业乡村兽医备案和指导，壮大渔业执业兽医队伍。科学规范水产养殖用疫苗审批流程，支持水产养殖用疫苗推广。实施病死养殖水生动物无害化处理。

（十六）强化投入品管理。严格落实饲料生产许可制度和兽药生产经营许可制度，强化水产养殖用饲料、兽药等投入品质量监管，严厉打击制售假劣水产养殖用饲料、兽药的行为。将水环境改良剂等制品依法纳入管理。依法建立健全水产养殖投入品使用记录制度，加强水产养殖用药指导，严格落实兽药安全使用管理规定、兽用处方药管理制度以及饲料使用管理制度，加强对水产养殖投入品使用的执法检查，严厉打击违法用药和违法使用其他投入品等行为。

（十七）加强质量安全监管。强化农产品质量安全属地监管职责，落实生产经营者质量安全主体责任。严格检测机构资质认定管理、跟踪评估和能力验证，加大产地养殖水产品质量安全风险监测、评估和监督抽查力度，深入排查风险隐患。加快推动养殖生产经营者建立健全养殖水产品追溯体系，鼓励采用信息化手段采集、留存生产经营信息。推进行业诚信体系建设，支持养殖企业和渔民合作社开展质量安全承诺活动和诚信文化建设，建立诚信档案。建立水产品质量安全信息平台，实施有效监管。加快养殖水产品质量安全标准制修订，推进标准化生产和优质水产品认证。

六、拓宽发展空间

（十八）推进一、二、三产业融合发展。完善利益联结机制，推动养殖、加工、流通、休闲服务等一、二、三产业相互融合、协调发展。积极发展养殖产品加工流通，支持水产品现代冷链物流体系建设，提升从池塘到餐桌的全冷链物流体系利用效率，引导活鱼消费向便捷加工产品消费转变。推动传统水产养殖场生态化、休闲化改造，发展休闲观光渔业。在有条件的革命老区、民族地区和边疆地区等贫困地区，结合本地区资源特点，引导发展多种形式的特色水产养殖，增加建档立卡贫困人口收入。实施水产养殖品牌战略，培育全国和区域优质特色品牌，鼓励发展新型营销业态，引领水产养殖业发展。

（十九）加强国际交流与合作。鼓励科研院所、大专院校开展对外水产养殖技术示范推广。统筹利用国际国内两个市场、两种资源，结合"一带一路"建设等重大战略实施，培育大型水产养殖企业。鼓励和支持渔业企业开展国际认证认可，扩大我国水产品影响力，促进水产品国际贸易稳定协调发展。

七、加强政策支持

（二十）多渠道加大资金投入。建立政府引导、生产主体自筹、社会资金参与的多元化投入机制。鼓励地方因地制宜支持水产养殖绿色发展项目。将生态养殖有关模式纳入绿色产业指导目录。探索金融服务养殖业绿色发展的有效方式，创新绿色生态金融产品。鼓励各类保险机构开展水产养殖保险，有条件的地方将水产养殖保险纳入政策性保险范围。支持符合条件的水产养殖装备纳入农机购置补贴范围。

（二十一）强化科技支撑。加强现代渔业产业技术体系和国家渔业产业科技创新联盟建设，依托国家重点研发计划重点专项，加大对深远海养殖科技研发支持，加快推进实施"种业自主创新重大项目"。加强绿色安全的生态型水产养殖用药物研发。支持绿色环保的人工全价配合饲料研发和推广，鼓励鱼粉替代品研发。积极开展绿色养殖技术模式集成和示范推广，打造区域综合整治样板。发挥基层水产技术推广体系作用，培训新型职业渔民。

（二十二）完善配套政策。将养殖水域滩涂纳入国土空间规划，按照"多规合一"要求，做好相关规划的衔接。支持工厂化循环水、养殖尾水和废弃物处理等环保设施用地，保障深远海网箱养殖用海，落实水产养殖绿色发展用水用电优惠政策。养殖用海依法依规免征海域使用金。

八、落实保障措施

（二十三）严格落实责任。健全省负总责、市（县）抓落实的工作推进机制，地方人民政府要严格执行涉渔法律法规，在规划编制、项目安排、资金使用、监督管理等方面采取有效措施，确保绿色发展各项任务落实到位。

（二十四）依法保护养殖者权益。稳定集体所有养殖水域滩涂承包经营关系，依法确定承包期。完善水产养殖许可制度，依法核发养殖证。按照不动产统一登记的要求，加强水域滩涂养殖登记发证。依法保护使用水域滩涂从事水产养殖的权利。对因公共利益需要退出的水产养殖，依法给予补偿并妥善安置养殖渔民生产生活。

（二十五）加强执法监管。建立健全生态健康养殖相关管理制度和标准，完善行政执法与刑事司法衔接机制。按照严格规范公正文明执法要求，加强水产养殖执法。落实"双随机、一公开"要求，加强事中事后执法检查。强化普法宣传，增强养殖生产经营主体尊法守法意识和能力。

（二十六）强化督促指导。将水产养殖业绿色发展纳入生态文明建设、乡村振兴战略的目标评价内容。对绿色发展成效显著的单位和个人，按照有关规定给予表彰；对违法违规或工作落实不到位的，严肃追究相关责任。

农业农村部　生态环境部　自然资源部

国家发展和改革委员会　财政部　科学技术部

工业和信息化部　商务部　国家市场监督管理总局

中国银行保险监督管理委员会

2019 年 1 月 11 日

附录 2

大黄鱼主要养殖新品种简介

1. 大黄鱼"闽优 1 号"

"闽优 1 号"起始亲本为 1998 年秋至 1999 年春在宁德市官井洋采捕野生鱼种，在网箱中培育成的亲鱼。该品种由集美大学、宁德市水产技术推广站合作培育。大黄鱼"闽优 1 号"形态特征和其他养殖大黄鱼品系基本相似，不同之处表现为体色偏黄，体形较为接近野生型。大黄鱼"闽优 1 号"对环境有较强的适应能力，对水体的 pH 值、低溶解氧等理化因子亦有较强的忍受力。养殖推广试验证明，适宜各种养殖模式，包括适应网箱养殖、围网养殖、室内工厂化养殖和池塘养殖。经过多年选育，大黄鱼"闽优 1 号"部分基因得到纯化，在微卫星 LYC0002、LYC0054 位点各有 1 个优势等位基因（LYC0002 的等位基因 D，碱基对 88 bp；LYC0054 的等位基因 B，碱基对 172 bp），其频率大于 0.8。

2. 大黄鱼"东海 1 号"

该品种由宁波大学与象山港湾水产苗种有限公司合作培育，以浙江岱衢洋采捕的 138 尾野生大黄鱼为基础群体，采用群体选育技术，以生长速度和耐低温为选育指标，经过十余年选育的大黄鱼新品种。大黄鱼新品种"东海 1 号"体形好、色泽金黄，在相同的养殖条件下，19 月龄体长生长优势率为 6.06%，体重生长优势率为 15.57%，经测试，10 月龄鱼在 6℃条件下，存活率比普通苗种高 22.5 个百分点，具有越冬成活率高、生长速度快，适宜在我国浙江及以南沿海海水水体中养殖。

3. 大黄鱼"甬岱 1 号"

该品种由宁波市海洋与渔业研究院、宁波大学、象山港湾水产苗种有限公司合作培育。大黄鱼"甬岱 1 号"品种是经过 11 年的选育研究，以 2007 年从岱衢洋采捕的野生大黄鱼为基础群体，围绕生长和体形等品质性状，采用群体选育技术，经连续 5 代选育而成。该品种具有生长快、体形优、遗传稳定等特点，在相同养殖条件下，与未经选育的大黄鱼相比，21 月龄生长速度平均提高 16.4%，与普通养殖大黄鱼相比，体高 / 体长、全长 / 尾柄长和尾柄长 / 尾柄高等体形参数存在显著差异，体形显匀称细长，适宜在浙江和福建沿海人工可控的海水水体中养殖。

附录 3

《宁德市渔业协会团体标准　高品质养殖大黄鱼评定规则》
（T/CROAKER001—2018）

宁德市渔业协会发布
2018-05-22 发布　2018-07-01 实施

1　范围

本标准规定了高品质养殖大黄鱼的术语和定义、要求、试验方法、检验规则、标识、包装、运输、贮存。

本标准适用于高品质养殖大黄鱼的评定。

2　规范性引用文件

下列文件对于本文件的应用是必不可少的。凡是注日期的引用文件，仅所注日期的版本适用于本文件。凡是不注日期的引用文件，其最新版本（包括所有的修改单）适用于本文件。

GB 5009.6 食品安全国家标准食品中脂肪的测定

GB/T 18654.3 养殖鱼类种质检验第 3 部分：性状测定

GB/T 18654.4 养殖鱼类种质检验第 4 部分：年龄与生长的测定

SC/T 3016-2004 水产品抽样方法

SC/T 3101 鲜大黄鱼、冻大黄鱼、鲜小黄鱼、冻小黄鱼

3 术语和定义

下列术语和定义适用于本文件。

3.1 高品质养殖大黄鱼

鱼体体形、色泽、肉质、风味及滋味等接近野生大黄鱼，明显优于传统筏式养殖大黄鱼。

3.2 黄蓝值

表征鱼体色泽黄蓝程度，越大表示颜色越黄，否则颜色越蓝。

3.3 弹性值

表征鱼体肌肉在咀嚼作用过程中，当咀嚼外力撤销时肌肉恢复到原来状态的高度。

4 要求

4.1 基本要求

鲜鱼或冻鱼应符合 SC/T 3101 一级品的要求。

4.2 形态指标见附表 3-1。

附表 3-1 形态指标

指标	特级品	优级品
肥满度	≤ 1.3	≤ 1.4
体长 / 体高	≥ 3.4	
尾柄长 / 尾柄高	≥ 3.7	

4.3 体表黄蓝值

体表黄蓝值指标见附表 3-2。

附表 3-2　体表黄度值指标

指标	特级品	优级品
黄蓝值	≥ 30.0	≥ 25.0

4.4　肌肉弹性值

肌肉弹性值指标见附表 3-3。

附表 3-3　肌肉弹性值指标

指标	特级品	优级品
肌肉弹性值（mm）	≥ 2.0	≥ 1.1

4.5　肌肉粗脂肪

肌肉粗脂肪见附表 3-4。

附表 3-4　肌肉粗脂肪指标

指标	特级品	优级品
肌肉粗脂肪（%）	≤ 12.0	≤ 14.0

4.6　气味与滋味

具有大黄鱼固有气味；蒸煮后，具鲜鱼正常的鲜味，肌肉细腻，无明显异腥味。

5　试验方法

5.1　基本指标检验

按 SC/T 3101 的规定执行。

5.2　形态测定

肥满度按 GB/T 18654.4 的规定执行；体长 / 体高、尾柄长 / 尾柄高按 GB/T 18654.3 的规定执行。

5.3 体表黄蓝值测定

采用日本 CHROMAMETER 公司 CR400 型号色差仪对鱼体表腹部（腹 1、腹 2、腹 3）进行检验，取其平均值。见附图 3-1。其他色差仪可参照测定。

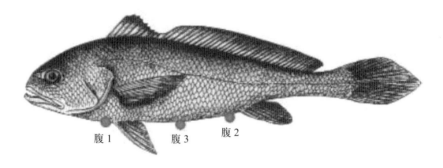

注：腹 1 胸鳍前端；腹 2 臀鳍前端；腹 3 在腹 1 与腹 2 中间

附图 3-1　体表黄蓝值测定示意图

5.4 肌肉弹性测定

冻鱼解冻后，取背部去皮肌肉 2 cm（长）× 2 cm（宽）× 1 cm（厚），见附图 3-2。采用 TMS-Pro 质构仪：使用 P/5 柱形探头，力量感应元量程 1 000 N，检测速度 50 mm/min，回升高度：20 mm，形变量，50%，最小起始力：0.2 N。其他质构仪可参照测定。

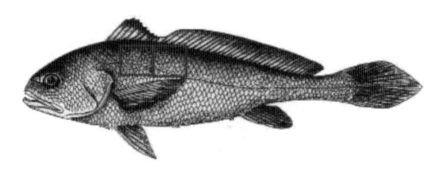

注：取两侧背肌肉部分

附图 3-2　肌肉弹性测定示意图

5.5 肌肉粗脂肪

按 GB 5009.6 的规定执行。

5.6 气味与滋味

将鱼横切取鱼体中部 8 ~ 10 cm 完整鱼段，水沸后隔水蒸 8 min，闻气味、品滋味。

6 检验规则

6.1 组批规则与抽样方法

6.1.1 以同一养殖水体中养殖条件相同的为同一批次；冻大黄鱼按同一加工批次的鱼为同一检验批。

6.1.2 抽样方法

按 SC/T 3016-2004 执行。

6.2 判定规则

6.2.1 形态检验结果应符合 4.2 的规定，合格样本数符合 SC/T 3016-2004 中表 A.1 的规定，则判为合格。

6.2.2 其他项目检验结果全部符合本标准要求时，判定为合格。

6.2.3 其他项目检验结果中有两项及两项以上指标不合格，则判定为不合格。

6.2.4 其他项目检验结果中有一项指标不合格时，允许重新抽样复检，如仍为不合格项则判为不合格。

7 标识、包装、运输、贮存

按 SC/T 3101 规定执行。

附录4

《无公害食品　海水养殖用水水质》
（NY 5052—2001）

中华人民共和国农业农村部发布

2001-09-03 发布　2001-10-01 实施

1　范围

本标准规定了海水养殖用水水质要求、测定方法、检验规则和结果判定。

本标准适用于海水养殖用水。

2　规范性引用文件

下列文件中的条款通过本标准的引用而成为本标准的条款。凡是注日期的引用文件，其随后所有的修改单（不包括勘误的内容）或修订版均不适用于本标准，然而，鼓励根据本标准达成协议的各方研究是否可使用这些文件的最新版本。凡是不注日期的引用文件，其最新版本适用于本标准。

GB/T 7467　水质　六价铬的测定　二苯碳酰二肼分光光度法

GB/T 12763.2　海洋调查规范　海洋水文观测

GB/T 12763.4　海洋调查规范　海水化学要素观测

GB/T 13192　水质　有机磷农药的测定　气相色谱法

GB 17378 （所有部分）海洋监测规范

3　要求

海水养殖水质应符合附表4-1要求。

附表 4-1　海水养殖水质要求

序号	项目	标准值
1	色、臭、味	海水养殖水体不得有异色、异臭、异味
2	大肠菌群，个 /L	≤ 45 000，供人生食的贝类养殖水质 ≤ 500
3	粪大肠菌群，个 /L	≤ 2 000，供人生食的贝类养殖水质 ≤ 140
4	汞，mg/L	≤ 0.000 2
5	镉，mg/L	≤ 0.005
6	铅，mg/L	≤ 0.05
7	价铬，mg/L	≤ 0.01
8	总铬，mg/L	≤ 0.1
9	砷，mg/L	≤ 0.03
10	铜，mg/L	≤ 0.0l
11	锌，mg/L	≤ 0.1
12	硒，mg/L	≤ 0.02
13	氰化物，mg/L	≤ 0.005
14	挥发性酚，mg/L	0.005
15	石油类，mg/L	≤ 0.05
16	六六六，mg/L	≤ 0.001
17	滴滴涕，mg/L	≤ 0.000 05
18	马拉硫酸，mg/L	≤ 0.000 5
19	甲基对硫磷，mg/L	≤ 0.000 5
20	乐果，mg/L	≤ 0.1
21	多氯联苯，mg/L	≤ 0.000 02

4　测定方法

海水养殖用水水质按附表 4-2 提供方法进行分析测定。

附表 4-2　海水养殖水质项目测定方法

序号	项目	分析方法	检出限，mg/L	依据标准
1	色、臭、味	（1）比色法 （2）感官法	—	GB/T 12763.2 GB 17378
2	大肠菌群	（1）发酵法（2）滤膜法	—	GB 17378
3	粪肠菌群	（1）发酵法（2）滤膜法	—	GB 17378
4	汞	（1）冷原子吸收分光光度法 （2）金捕集冷原子吸收分光光度法 （3）双硫棕分光光度法	1.0×10^{-6} 2.7×10^{-6} 4.0×10^{-4}	GB 17378 GB 17378 GB 17378
5	镉	（1）双硫腙分光光度法 （2）火焰原子吸收分光光度法 （3）阳极溶出伏安法 （4）无火焰原子吸收分光光度法	3.6×10^{-3} 9.0×10^{-5} 9.0×10^{-5} 1.0×10^{-5}	GB 17378 GB 17378 GB 17378 GB 17378
6	铅	（1）双硫腙分光光度法 （2）阳极溶出伏安法 （3）无火焰原子吸收分光光度法 （4）火焰原子吸收分光光度法	1.4×10^{-3} 3.0×10^{-4} 3.0×10^{-5} 1.8×10^{-3}	GB 17378 GB 17378 GB 17378 GB 17378
7	六价铬	二苯碳酰二肼分光光度法	4.0×10^{-3}	GB/T 7467
8	总铬	（1）二苯碳酰二肼分光光度法 （2）无火焰原子吸收分光光度法	3.0×10^{-4} 4.0×10^{-4}	GB 17378 GB 17378
9	砷	（1）砷化氢－硝化氢－硝酸银分光光度法 （2）氢化物发生原子吸收分光光度法 （3）催化极谱法	4.0×10^{-4} 6.0×10^{-5} 1.1×10^{-3}	GB 17378 GB 17378 GB 7585
10	铜	（1）二乙氨基二硫化甲酸钠分光光度法 （2）无火焰原子吸收分光光度法 （3）阳极溶出伏安法 （4）火焰原子吸收分光光度法	8.0×10^{-5} 2.0×10^{-4} 6.0×10^{-4} 1.1×10^{-3}	GB 17378 GB 17378 GB 17378 GB 17378
11	锌	（1）双硫腙分光光度法 （2）阳极溶出伏安法 （3）火焰原子吸收分光光度法	1.9×10^{-3} 1.2×10^{-3} 3.1×10^{-3}	GB 17378 GB 17378 GB 17378

序号	项目	分 析 方 法	检出限，mg/L	依据标准
12	硒	（1）荧光分光光度法	2.0×10^{-4}	GB 17378
		（2）二氨基联苯胺分光光度法	4.0×10^{-4}	GB 17378
		（3）催化极谱法	1.0×10^{-4}	GB 17378
13	氰化物	（1）异烟酸－唑啉酮分光光度法	5.0×10^{-4}	GB 17378
		（2）吡啶－巴比士酸分光光度法	3.0×10^{-4}	GB 17378
14	挥发性酚	蒸馏后 4－氨基安替比林分光光度法	1.1×10^{-3}	GB 17378
15	石油类	（1）环己烷萃取荧光分光光度法	6.5×10^{-3}	GB 17378
		（2）紫外分光光度法	3.5×10^{-3}	GB 17378
		（3）重量法	0.2	GB 17378
16	六六六	气相色谱法	1.0×10^{-6}	GB 17378
17	滴滴涕	气相色谱法	3.8×10^{-6}	GB 17378
18	马拉硫磷	气相色谱法	6.4×10^{-4}	GB/T 13192
19	甲基对硫磷	气相色谱法	4.2×10^{-4}	GB/T 13192
20	乐果	气相色谱法	5.7×10^{-4}	GB 13192
21	多氯联苯	气相色谱法	1.0×10^{-6}	GB 17378

注：部分有多种测定方法的指标，在测定结果出现争议时，以方法（1）测定为仲裁结果。

5　检验规则

海水养殖用水水质监测样品的采集、贮存、运输和预处理按 GB/T 12763.4 和 GB 17378.3 的规定执行。

6　结果判定

本标准采用单项判定法，所列指标单项超标，判定为不合格。

附录 5

《无公害食品 渔用药物使用准则》
（NY 5071—2002）

中华人民共和国农业农村部发布

2002-07-25 发布 2002-09-01 实施

1 范围

本标准规定了渔用药物使用的基本原则、渔用药物的使用方法以及禁用渔药。本标准适用于水产增养殖中的健康管理及病害控制过程中的渔药使用。

2 规范性引用文件

下列文件中的条款通过本标准的引用而成为标准的条款。凡是注日期的引用文件，其随后所有的修改单（不包括勘误的内容）或修订版均不适用于本标准，然而，鼓励根据本标准达成协议的各方研究是否可使用这些最新版本。凡是不注日期的引用文件，其最新版本适用于本标准。

NY 5070 无公害食品水产品中渔药残留限量

NY 5072 无公害食品渔用配合饲料安全限量

3 术语和定义

下列术语和定义适用于本标准。

3.1 渔用药物（fishery drugs）

用以预防、控制和治疗水产动植物的病、虫害，促进养殖品种健康生长，增强机体抗病能力以及改善养殖水体质量的一切物质，简称"渔药"。

3.2　生物源渔药（biogenic fishery medicines）

直接利用生物活体或生物代谢过程中产生的具有生物活性的物质或从生物体提取的物质作为防治水产动物病害的渔药。

3.3　渔用生物制品（fishery biopreparate）

应用天然或人工改造的微生物、寄生虫、生物毒素或生物组织及其代谢产物为原材料，采用生物学、分子生物学或生物化学等相关技术制成的、用于预防、诊断和治疗水产动物传染病和其他有关疾病的生物制剂。它的效价或安全性应采用生物学方法检定并有严格的可靠性。

3.4　休药期（withdrawal time）

最后停止给药日至水产品作为食品上市出售的最短时间。

4　渔用药物使用基本原则

4.1　渔用药物的使用应以不危害人类健康和不破坏水域生态环境为基本原则。

4.2　水生动植物增养殖过程中对病虫害的防治，坚持"以防为主，防治结合"。

4.3　渔药的使用应严格遵循国家和有关部门的有关规定，严禁生产、销售和使用未经取得生产许可证、批准文号与没有生产执行标准的渔药。

4.4　积极鼓励研制、生产和使用"三效"（高效、速效、长效）、"三小"（毒性小、副作用小、用量小）的渔药，提倡使用水产专用渔药、生物源渔药和渔用生物制品。

4.5　病害发生时应对症用药，防止滥用渔药与盲目增大用药量或增加用药次数、延长用药时间。

4.6　食用鱼上市前，应有相应的休药期。休药期的长短，应确保上市水产品的药物残留限量符合 NY 5070 要求。

4.7　水产饲料中药物的添加应符合 NY 5072 要求，不得选用国家规定禁止使用的药物或添加剂，也不得在饲料中长期添加抗菌药物。

5　渔用药物使用方法

各类渔用药使用方法见附表 5-1。

附表 5-1　渔用药物使用方法

渔药名称	用途	用法与用量	休药期 /d	注意事项
氧化钙（生石灰）calcii oxydum	用于改善池塘环境，清除敌害生物及预防部分细菌性鱼病	带水清塘：200 ~ 250 mg/L（虾类：350 ~ 400 mg/L）全池泼洒：20 mg/L（虾类：15 ~ 30 mg/L）		不能与漂白粉、有机氧、重金属盐、有机结合物混用
漂白粉 bleaching powder	用于清塘、改善池塘环境及防治细菌性皮肤病、烂鳃病出血病	带水清塘：20 mg/L 全池泼洒：1.0 ~ 1.5 mg/L	≥ 5	1. 勿用金属容器盛装。2. 勿与酸、铵盐、生石灰混用
二氯异氰尿酸钠 sodium dichloroisocyanurate	用于清塘及防治细菌性皮肤病溃疡病、烂鳃病、出血病	全池泼洒：0.3 ~ 0.6 mg/L	≥ 10	勿用金属容器盛装
三氯异氰尿酸 trichlorosisocyanuric acid	用于清塘及防治细菌性皮肤病溃疡病、烂鳃病、出血病	全池泼洒：0.2 ~ 0.5 mg/L	≥ 10	1. 勿用金属容器盛装。2. 针对不同的鱼类和水体的 pH 值，使用量应适当增减
二氧化氯 chlorine dioxide	用于防治细菌性皮肤病、烂鳃病、出血病	浸浴：20 ~ 40 mg/L，5 ~ 10 min 全池泼洒：0.1 ~ 0.2 mg/L，严重时0.3 ~ 0.6 mg/L	≥ 10	1. 勿用金属容器盛装。2. 勿与其他消毒剂混用
二溴海因	用于防治细菌性皮肤病和病毒性疾病	全池泼洒：0.2 ~ 0.3 mg/L		
氯化纳（食盐）sodium choiride	用于防治细菌、真菌或寄生虫疾病	浸浴：1% ~ 3%，5 ~ 20 min		

续表

渔药名称	用途	用法与用量	休药期/d	注意事项
硫酸铜（蓝矾、胆矾、石胆）copper sulfate	用于治疗纤毛虫、鞭毛虫等寄生虫性原虫病	浸浴：8 mg/L（海水鱼类：8 ~ 10 mg/L），15 ~ 30 min 全池泼洒：0.5 ~ 0.7 mg/L（海水鱼类：0.7 ~ 1.0 mg/L）		1. 常与硫酸亚铁合用。2. 广东鲂慎用。3. 勿用金属容器盛装。4. 使用后注意池塘增氧。5. 不宜用于治疗小瓜虫病
硫酸亚铁（硫酸低铁、绿矾、青矾）ferrous sulfate	用于治疗纤毛虫、鞭毛虫等寄生性原虫病	全池泼洒：0.2 mg/L（与硫酸铜合用）		1. 治疗寄生性原虫病时需与硫酸铜合用。2. 乌鳢慎用
高锰酸钾（锰酸钾、灰锰氧、锰强灰）potassium permanganate	用于杀灭锚头鳋	浸浴：10 ~ 20 mg/L，15 ~ 30 min 全池泼洒：4 ~ 7 mg/L		1. 水中有机物含量高时药效降低。2. 不宜在强烈阳光下使用
四烷基继铵盐络合碘（季铵盐含量为50%）	对病毒、细菌、纤毛虫、藻类有杀灭作用	全池泼洒：0.3 mg/L（虾类相同）		1. 勿与碱性物质同时使用。2. 勿与阴性离子表面活性剂混用。3. 使用后注意池塘增氧。4. 勿用金属容器盛装
大蒜 crow's treacle，garlic	用于防治细菌性肠炎	拌饵投喂：10 ~ 30 g/kg 体重，连用 4 ~ 6 d（海水鱼类相同）		
大蒜素粉（含大蒜素10%）	用于防治细菌性肠炎	0.2 g/kg 体重，连用 4 ~ 6 d（海水鱼类相同）		
大黄 medicinal rhubarb	用于防治细菌性肠炎、烂鳃	全池泼洒：2.5 ~ 4.0 mg/L（海水鱼类相同）拌饵投喂：5 ~ 10 g/kg 体重，连用 4 ~ 6 d（海水鱼类相同）		投喂时常与黄芩、黄柏合用（三者比例 5 : 2 : 3）

渔药名称	用途	用法与用量	休药期 /d	注意事项
黄芩 raikai skullcap	用于防治细菌性肠炎、烂鳃、赤皮、出血病	拌饵投喂：2 ~ 4 g/kg 体重，连用 4 ~ 6 d（海水鱼类相同）		投喂时常与大黄、黄柏合用（三者比例为 2∶5∶3）
黄柏 amur corktree	用于防治细菌性肠炎、出血	拌饵投喂：2 ~ 6 g/kg 体重，连用 4 ~ 6 d（海水鱼类相同）		投喂时常与大黄、黄芩合用（三者比例为 3∶5∶2）
五倍子 chinese sumac	用于防治细菌性烂鳃、赤皮、白皮、疖疮	全池泼洒：2 ~ 4 mg/L（海水鱼类相同）		
穿心莲 common andrographis	用于防治细菌性肠炎、烂鳃、赤皮	全赤泼洒：15 ~ 20 mg/L 拌饵投喂：10 ~ 20 g/kg 体重，连用 4 ~ 6 d		
苦参 lightyellow sophora	用于防治细菌性肠炎、竖鳞	全池泼洒：1.0 ~ 1.5 mg/L 拌饵投喂：1 ~ 2 g/kg 体重，连用 4 ~ 6 d		
土霉素 oxytetracycline	用于治疗肠炎病、弧菌病	拌饵投喂：50 ~ 80 mg/kg 体重，连用 4 ~ 6 d（海水鱼类相同，虾类：50 ~ 80 mg/kg 体重，连用 5 ~ 10 d）	≥ 30（鳗鲡）≥ 21（鲶鱼）	勿与铝、镁离子及卤素、碳酸氢钠、凝胶合用
噁喹酸 oxslinic acid	用于治疗细菌肠炎病、赤鳍病、香鱼、对虾弧菌病，鲈鱼结节病，鲱鱼疖疮病	拌饵投喂：10 ~ 3 mg/kg 体重，连用 5 ~ 7 d（海水鱼类 1 ~ 20 mg/kg 体重，对虾：6 ~ 60 mg/kg 体重，连用 5 d）	≥ 25（鳗鲡）≥ 21（香鱼、鲤鱼）≥ 16（其他鱼类）	用药量不同的疾病有所增减
磺胺嘧啶（磺胺哒嗪） sulfadiazine	用于治疗鲤科鱼类的赤皮病、肠炎病、海水鱼链球菌病	拌饵投喂：100 mg/kg 体重，连用 5 d（海水鱼类相同）		1. 与甲氯苄氨嘧啶（TMP）同用，可产生增效作用。 2. 第一天药量加倍

续表

渔药名称	用途	用法与用量	休药期/d	注意事项
磺胺甲噁唑（新诺明、新明磺）sulfamethoxazole	用于治疗鲤科鱼类的肠炎病	拌饵投喂：100 mg/kg 体重，连用 5～7 d		1. 不能与酸性药物同用。2. 与甲氧苄氨嘧啶（TMP）同用，可产生增效作用。3. 第一天药量加倍
磺胺间甲氧嘧啶（制菌磺、磺胺-6-甲氧嘧啶）sulfamonomethoxine	用鲤科鱼类的竖鳞病、赤皮病及弧菌病	拌饵投喂：50～100 mg/kg 体重，连用 4～6 d	≥37（鳗鲡）	1. 与甲氧苄氨嘧啶（TMP）同用，可产生增效作用。2. 第一天药量加倍
氟苯尼考 florfenicol	用于治疗鳗鲡爱德华氏病、赤鳍病	拌饵投喂：10.0 mg/kg 体重，连用 4～6 d	≥7（鳗鲡）	
聚维酮碘（聚乙烯吡咯烷酮碘、皮维碘、PVP-1、伏碘）（有效碘 1.0%）povidone-iodine	用于防治细菌烂鳃病、弧菌病、鳗鲡红头病。并可用于预防病毒病：如草鱼出血病、传染性胰腺坏死病、传染性造血组织坏死病、病毒性出血败血症	全池泼洒：海、淡水幼鱼、幼虾：0.2～0.5 mg/L 海、淡水成鱼、成虾：1～2 mg/L 鳗鲡：2～4 mg/L 浸浴：草鱼种：30 mg/L，15～20 min 鱼卵：30～50 mg/L（海水鱼卵25～30 mg/L），5～15 min		1. 勿与金属物品接触。2. 勿与季氨盐类消毒剂直接混合使用

注1：用法与用量栏未标明海水鱼类与虾类的均适用于淡水鱼类。

　2：休药期为强制性。

6　禁用渔药

　　严禁使用高毒、高残留或具有"三致"毒性（致癌、致畸致突变）的渔药。严禁使用对水域环境有严重破坏而又难以修复的渔药，严禁直接向养殖水域泼洒抗菌素，严禁将新近开发的人用新药作为渔药的主要或次要成分。仅用渔药见附表5-2。

附表5-2　禁用渔药

药物名称	化学名称（组成）	别名
地虫硫磷 fonofos	0-2基-s苯基二硫代磷酸乙酯	大风雷
六六六 BHC（HCH）Benzem， bexachloridge	1，2，3，4，5，6-六氯环乙烷	
林丹 lindane，agammaxare，gamma- BHC，gamma-HCH	y-1，2，3，4，5，6-六氯环乙烷	丙体六六六
毒杀芬 camphechlor（ISO）	八氯莰烯	氯化莰烯
滴滴涕 DDT	2，2-双（对氯苯基）-1，1， 1-三氯乙烷	
甘汞 calomel	二氯化汞	
硝酸亚汞 mercurous nitrate	硝酸亚汞	
醋酸汞 mercuric acetate	醋酸汞	
呋喃丹 carbofuran	2，3-氢-2，二甲基-7-苯并呋喃-甲 基氨基甲酸酯	可百威、大扶农
杀虫脒 chlordimeform	N-（2-甲基-4-氯苯基）N'， N'-二甲基甲脒盐酸盐	克死螨
双甲脒 anitraz	1，5-双-（2，4-二甲基苯基）-3-甲 基1，3，5-三氮戊二烯-1，4	二甲苯胺脒
氟氯氰菊酯 flucythrinate	（R，S）-α-氰基-3-苯氧苄基-（R， S）-2-（4-二氯甲氧基）-3-甲基丁 酸酯	报好江乌氟氯菊酯
五氯芬钠 PCP-Na	五氯酚钠	
孔雀石绿 malachite green	C（23）H（25）CIN（2）	碱性绿、盐基快绿、 孔雀绿
锥虫胂胺 tryparsamide		

续表

药物名称	化学名称（组成）	别名
酒石酸锑钾 anitmonyl potassium tartrate	酒石酸锑钾	
磺胺噻唑 sulfathiazolum ST，norsultazo	2-（对氨基苯碘酰胺）-噻唑	消治龙
磺胺脒 sulfaguanidine	N（1）-脒基磺胺	磺胺胍
呋喃西林 furacillinum，nitrofurazone	5-硝基呋喃醛缩氨基脲	呋喃新
呋喃唑酮 furacillinum，nifulidone	3-（5-硝基糠叉胺基）-2-（口恶）唑烷酮	痢特灵
呋喃那斯 furanace，nitrofurazone	6-羟甲基-2-（-5-硝基-2-呋喃基乙烯基）吡啶	p-7138（实验名）
氯霉素（包括其盐、酯及制剂） chloramphennicol	由委内瑞拉链霉素生产或合成法制成	
红霉素 erythromycin	属微生物合成，是 streptomyces eyythreus 生产的抗生素	
杆菌肽锌 zinc bacitracin premin	由枯草杆菌 Bacillus stubtills 或 B.leicheniformis 所产生的抗生素，为一含有噻唑环的多肽化合物	枯草菌肽
泰乐菌素 tylosin	S.fradiae 所产生的抗生素	
环丙杀星 ciprofloxacin（CIPRO）	为合成的第三代喹诺酮类抗菌药，常用盐酸盐水合物	环丙氟哌酸
阿伏帕星 avoparcin		阿伏霉素
喹乙醇 olaquindox	喹乙醇	喹酰胺醇羟乙喹氧
速达肥 fenbendazole	5-苯硫基-2-苯并咪唑	苯硫哒唑氨甲基甲酯
己烯雌酚（包括雌二醇等其他类似合成等雌性激素） diethylstilbestol，stilbestrol	人工合成的非自甾体雌激素	己烯雌酚，人造求偶素
甲基睾丸酮（包括丙酸睾丸素、去氢甲睾酮以及同化物等雄性激素） methyltestosterone，metandren	睾丸素 C（17）的甲基衍生物	甲睾酮甲基睾酮

参考文献

艾春香 . 2017. 功能性水产配合饲料的研发与应用 [J]. 饲料工业 , 38(14): 1–9.

蔡林婷 , 李思源 , 葛明峰 , 等 . 2013. 3 种致病弧菌感染对大黄鱼血液生化指标的影响 [J].
　　渔业科学进展 , 34(2): 65–72.

蔡文超 , 区又君 , 李加儿 . 2010. 盐度对条石鲷胚胎发育的影响 [J]. 生态学杂志 , 29(5):
　　951–956.

曹际 , 马林 , 张文畅 , 等 . 2018. 大黄鱼源溶藻弧菌的鉴定及其菌蜕制备 [J]. 微生物学通报 ,
　　45(1):129–137.

曹娟娟 . 2014. 大黄鱼幼鱼微量元素铜和硒的营养生理研究 [D]. 青岛：中国海洋大学 .

曹娟娟 , 张文兵 , 徐玮 , 等 . 2015. 大黄鱼幼鱼对饲料硒的需求量 [J]. 水生生物学报 , 39(2):
　　241–249.

曹军 , 冯学芝 , 冯展波 , 等 . 2007. 大黄鱼致病性嗜水气单胞菌的分离与鉴定 [J]. 湖北农业
　　科学 , 46(5): 808–810.

曹启华 . 1998. 湛江沿海大黄鱼种群的研究 [J]. 湛江海洋大学学报 , 18(2): 15–19.

曾荣林 , 谢仰杰 , 王志勇 , 等 . 2013. 大黄鱼幼鱼对低盐度的耐受性研究 [J]. 集美大学学报
　　(自然科学版), 18(3): 167–171.

陈海新 , 朱宇嘉 , 董碧莲 , 等 . 2021. 鱼类诺卡氏菌病的研究进展 [J]. 科学养鱼 , (3): 48–51.

陈恒 , 程岩雄 , 茅宁宁 . 2015. 大陈岛铜网衣围海养殖技术 [J]. 科学养鱼 , 9:42–43.

陈惠群 , 焦海峰 , 冯坚 . 2005. 盐度突变对大黄鱼受精卵孵化及稚鱼成活的影响 [J]. 水产科
　　学 , 24(1): 20–21.

陈静 , 祁露 , 郑雅露 , 等 . 2020. 致病性弧菌及其噬菌体防治研究进展 [J]. 食品安全质量检
　　测学报 , 11(24): 9288–9294.

陈淑吟 , 徐士霞 , 张志勇 , 等 . 2011. 大黄鱼野生群体与养殖群体遗传多样性研究 [J]. 海洋
　　科学 , 35(12): 82–87.

陈万光 . 2002. 几种环境因子对水生动物的影响研究 [J]. 洛阳师范学院学报 , (5): 133–135.

陈新华 , 董燕红 . 2005. 大黄鱼虹彩病 PCR 快速检测试剂盒的研制 [J]. 生物技术 , 15(3):
　　38–40.

陈艳 , 吴思伟 , 胡续雯 , 等 . 2016. 网箱养殖大黄鱼的病害防治 [J]. 江西农业 , (15): 111–
　　112.

陈宇 . 2019. 宁德市三都湾养殖大黄鱼内脏白点病发生规律初探 [J]. 海峡科学 , (6): 41–43.

崔学升 , 周朝伟 , 李志琼 . 2010. 禁食和热应激对齐口裂腹鱼生化指标的试验 [J]. 饲料研究 ,

(2): 63-65.

丁文超，李明云，管丹冬，等 . 2009. 大黄鱼 4 个家系的形态差异分析 [J]. 宁波大学学报 (理工版), 22(2): 185-190.

董登攀，宋协法，关长涛，等 . 2010. 褐牙鲆陆海接力养殖试验 [J]. 中国海洋大学学报 (自然科学版), 40(10): 38-42.

杜浩，危起伟，甘芳，等 . 2006. 美洲鲥应激后皮质醇激素和血液生化指标的变化 [J]. 动物学杂志 , 41(3):80-84.

方建光，李钟杰，蒋增杰，等 . 2016. 水产生态养殖与新养殖模式发展战略研究 [J]. 中国工程科学 , 18 (3): 22-28.

方伟，杨圆圆，丁雪娟 . 2016. 广东海水网箱养殖鱼类本尼登虫病的流行与防治 [J]. 海洋与渔业 , (8): 56-57.

冯娟，徐力文，林黑着，等 . 2007. 盐度变化对军曹鱼稚鱼相关免疫因子及其生长的影响 [J]. 中国水产科学 , 14(1): 120-125.

高进 . 2010. 微生态制剂对大黄鱼（ *Pseudosciaena crocea* ）稚鱼生长、存活、消化酶活力及抗胁迫能力的影响 [D]. 青岛：中国海洋大学 .

葛彩霞，张国真，张文平，等 . 2016. 天然水域鱼类养殖之网围养鱼 [J]. 渔业致富指南 , (5): 29-31.

葛明峰 . 2014. 三种致病弧菌感染养殖大黄鱼的分子流行病学研究 [D]. 宁波：宁波大学 .

郭昶畅 . 2017. 中国沿海石首鱼科鱼类的鉴定、分类和分子系统发育研究 [D]. 厦门：厦门大学 .

郭进杰，陈国平，黄振玉，等 . 2016. 循环系统中淡化养殖大黄鱼生长及卵巢发育的初步研究 [J]. 上海海洋大学学报 , 25(6) : 847-852.

郭全友，邢晓亮，姜朝军，等 . 2019. 野生和养殖大黄鱼（ *Larimichthys crocea* ）品质特征与差异性探究 [J]. 现代食品科技 , 35(10): 92-101.

郭永军，陈成勋，李占军，等 . 2004. 水温和盐度对鲤鱼（ *Cyprinus carpio* L ）胚胎和前期仔鱼发育的影响 [J]. 天津农学院学报 , 11(3) : 5-9.

郭志文 . 2020. 鱼类虹彩病毒病的发生与防治 [J]. 农村百事通 , 23: 41.

韩星星 . 2019. 脱脂黑水虻虫粉在大黄鱼幼鱼配合饲料中的应用研究 [D]. 厦门：集美大学 .

韩星星，叶坤，王志勇，等 . 2020. 脱脂黑水虻虫粉替代鱼粉对大黄鱼幼鱼生长、体成分、血清生化指标及抗氧化能力的影响 [J]. 中国水产科学 , 27(5): 524-535.

何爱华，林奕坚，郭永健，等 . 1999. 大黄鱼幼鱼虹彩病毒感染的电镜研究 [J]. 福建水产 , 3:56-59.

何德 . 2000. 香榧分子遗传图谱构建中 DNA 抽提和 AFLP 实验体系的确定 [D]. 长沙：中南林业科技大学 .

何娇娇，王萍，冯建，等．2017.玉米蛋白粉替代鱼粉对大黄鱼生长、血清生化指标及肝脏组织学的影响 [J].水生生物学报，41(3): 506−515.

何平，李林光，王海波，等．2016.桃（*Prunus persica* [L.] *Batsch*）转录组 SSR 信息分析及其分子标记开发 [J].分子植物育种，14(11): 3130−3135.

何湘蓉．2008.大黄鱼早期发育生长与耐环境因子的遗传力估计 [D].长沙：湖南农业大学．

何祥楷．2013.大黄鱼苗淀粉卵涡鞭虫病的诊断及防治方法 [J].福建水产，35(6): 475−479.

何英．1998.大黄鱼可在低盐度海水里生长了 [J].渔业致富指南，(24): 9.

何志刚，艾庆辉，麦康森，等．2010.大黄鱼营养需求研究进展 [J].饲料工业，31(24):56−59.

洪磊，张秀梅．2004.环境胁迫对鱼类生理机能的影响 [J].海洋科学进展，22(1):114−121.

侯红红，苗亮，李明云，等．2018."东海 1 号"大黄鱼选育 F$_4$ 代遗传多样性的 AFLP 分析 [J].宁波大学学报 (理工版)，2018,31(4): 31−35.

胡兵．2015.大黄鱼系列配合饲料的应用现状 [J].中国水产，(3): 48−50.

胡杰．1995.渔场学　海洋渔业和渔业资源专业用 [M].北京：中国农业出版社．

胡琪，叶飞．2008.渔药全池泼洒操作要领 [J].农家参谋，9: 25.

胡思玲．2020.九个大黄鱼（*Larimichthys crocea*）群体的遗传多样性研究 [D].舟山：浙江海洋大学．

胡先成，赵云龙，周忠良．2008.盐度对饥饿状态下河川沙塘鳢稚鱼生化组成及能量收支的影响 [J].水产科学，27(3): 109−113.

黄滨，关长涛，梁友，等．2013.北方海域云纹石斑鱼的陆海接力高效养殖试验 [J].渔业现代化，40(2): 1−5.

黄勤，陈曦，杨金先，等．2007.福建养殖大黄鱼（*Pseudosciaena crocea*）RAPD 标记及多态性调查 [J].福建农业学报，22(2): 130−135.

黄伟卿．2015.淡水养殖大黄鱼技术初探 [J].水产科学，5(34): 327−330.

黄伟卿，林培华，张艺，等．2018.大黄鱼胚胎发育受盐度的影响及早期苗种耐低盐研究 [J].广州大学学报 (自然科学版)，17(5): 35−39.

黄伟卿，阮少江，张艺，等．2017.大黄鱼低盐养殖生长性状的相关性和遗传力分析 [J].水产科学，36(1) : 78−82.

黄伟卿，阮少江，周逢芳，等．2020.饲料中添加太子参提取物对大黄鱼肌肉营养的影响 [J].饲料研究，43(9): 50−55.

黄伟卿，林培华，张艺，等．2018.大黄鱼胚胎发育受盐度的影响及早期苗种耐低盐研究 [J].广州大学学报 (自然科学版)，17(5): 35−39.

黄一心，徐皓，丁建乐．2016.我国离岸水产养殖设施装备发展研究 [J].渔业现代化，43(2): 76−81.

黄贞胜, 王寿昆, 林旋, 等. 2014. 大黄鱼膨化饲料对水中氨氮·硝酸盐氮和亚硝酸盐氮浓度的影响 [J]. 安徽农业科学, 42(32): 11440-11442.

贾超峰, 刘海林, 许津, 等. 2017. 大黄鱼种质遗传多样性研究进展 [J]. 海洋通报, 36(1): 12-18.

贾继增. 1996. 分子标记种质资源鉴定和分子标记育种 [J]. 中国农业科学, 29(4): 2-11.

江飚. 2016. 大黄鱼刺激隐核虫病的防治措施研究 [D]. 广州: 华南农业大学.

江国强. 2011. 大黄鱼 *Larimichthys crocea*（Richardson）浅海围网养殖技术研究 [J]. 现代渔业信息, 26(1): 3-4, 21.

蒋自立, 李春涛, 张其中, 等. 2012. 黄颡鱼败血症病原菌的分离鉴定与病理组织学观察 [J]. 西南师范大学学报 (自然科学版), 37(6): 77-82.

金珊, 蔡完其, 王国良. 2002. 养殖大黄鱼细菌性疾病的病原研究 [J]. 浙江海洋学院学报 (自然科学版), 21(3): 225-230.

金珊, 王国良, 赵青松, 等. 2005. 海水网箱养殖大黄鱼弧菌病的流行病学研究 [J]. 水产科学, 24(1): 17-19.

康振辉. 2009. 土壤中烟草根黑腐病菌实时定量 PCR 检测方法研究 [D]. 重庆: 重庆大学.

柯巧珍, 余训凯, 张永兴, 等. 2018. 饲料中添加胜肽和益生菌对大黄鱼生长性能和体组成的影响 [J]. 应用海洋学学报, 37(1): 141-145.

孔可欣. 2019. 水产养殖设施与深水养殖平台工程发展探析 [J]. 南方农业, 13(3): 134-135.

来杭, 黎明, 陶震, 等. 2016. 饲料中铜、钙水平对大黄鱼幼鱼生长、抗氧化酶及脂代谢酶活性的影响 [J]. 水生生物学报, 40(2): 217-224.

兰永伦, 罗秉征. 1996. 大黄鱼耳石、体长与年龄的关系 [J]. 海洋与湖沼, 27(3): 321-330.

黎姗梅, 周宁. 2015. 全池泼洒渔药的方法和注意事项 [J]. 科学养鱼, 6: 91.

李兵, 钟英斌, 吕为群. 2012. 大黄鱼早期发育阶段对盐度的适应性 [J]. 上海海洋大学学报, 21(2): 204-211.

李海平. 2012. 大黄鱼免疫增强剂的筛选及应用效果分析 [D]. 厦门: 集美大学.

李佳凯, 王志勇, 刘贤德, 等. 2015. 高温对大黄鱼（*Larimichthys crocea*）幼鱼血清生化指标的影响 [J]. 海洋通报, 34(4): 457-462.

李佳凯, 王志勇, 韦信键, 等. 2014. 大黄鱼微卫星多重 PCR 体系的建立及其应用. 水产学报, 38(4): 471-476.

李莉, 王雪, 潘雷, 等. 2017. 斑点鳟陆海接力养殖初步研究 [J]. 渔业现代化, 44(6): 9-12, 18.

李明云, 苗亮. 2014. 大黄鱼"东海 1 号" [J]. 中国水产, 2014(5): 46-48.

李明云, 苗亮, 陈炯, 等. 2017. 大黄鱼分阶段养殖新模式的构建及问题探讨 [J]. 宁波大学学报 (理工版), 30(2): 1-5.

李明云，苗亮，陈炯，等 . 2013. 基于种群生态学概念论大黄鱼种群的划分 [J]. 宁波大学学报 (理工版), 26(1): 1-5.

李明云，苗亮，俞淳，等 . 2019. 大黄鱼大型座底式围栏养殖的不同形式和管理的效果 [J]. 宁波大学学报（理工版），32(6): 30-34.

李庆昌，陈小明，刘贤德 . 2016. 突变高温胁迫对大黄鱼血清生理指标的影响 [J]. 渔业研究，38(6): 437-444.

李桑，陈春燕，黄旭雄，等 . 2015. 植物油部分替代饲料中鱼油对大黄鱼脂肪及脂肪酸的影响 [J]. 上海海洋大学学报，24(5): 726-736.

李弋，周飘苹，邱红，等 . 2015. 饲料中糖源对大黄鱼生长性能及消化酶、糖代谢关键酶活性的影响 [J]. 动物营养学报，27(11): 3438-3447.

李振龙 . 2015. 中国铜业助推我国海水网箱健康养殖 [J]. 中国水产，(12): 16-17.

梁利国，谢骏 . 2013. 青鱼病原嗜水气单胞菌分离鉴定、毒力因子检测及药敏试验 [J]. 生态学杂志，32(12): 3236-3242.

廖一波 . 2006. 浙江近岸海洋生物热效应初步研究 [D]. 杭州：国家海洋局第二海洋研究所 .

廖志勇，缪雄伟，林利 . 2013. 植物乳杆菌 Saccharomy cescerevisiae P13 对大黄鱼的促生长作用研究 [J]. 安徽农业科学，41(26): 10650-10652.

林浩然 . 2011. 鱼类生理学 [M]. 广州：中山大学出版社 .

林能锋，苏永全，丁少雄，等 . 2008. 大黄鱼微卫星标记引物在石首鱼科几个近缘种中的通用性研究 [J]. 中国水产科学，15(2): 237-243.

林能锋，许斌福，曾红 . 2005. PCR 法筛选大黄鱼微卫星 DNA. 福建畜牧兽医，27(2): 7-8.

林树根，黄志坚 . 2001. 关于几种海水鱼类的养殖技术之三：大黄鱼河弧菌病的诊治 [J]. 中国水产，(6): 52.

林小金 . 2008. 盐度对日本鬼鲉受精卵发育及仔鱼生长的影响 [J]. 福建水产，(4):24-26.

林旋，黄贞胜，王寿昆，等 . 2015. 大黄鱼膨化颗粒与软颗粒饲料浸泡时间对溶胀率、溶失率及 COD 的影响 [J]. 福建水产，37(4): 308-313.

林永添，陈洪清，余祚溅 . 2004. 网箱养殖大黄鱼肝胆症的成因与防治 [J]. 中国水产，(2): 52-53.

刘碧涛，王艺颖 . 2018. 深海养殖装备现状及我国发展策略 [J]. 船舶物资与市场，(2): 39-44.

刘楚吾，黎锦明，彭银辉，等 . 2008. 星洲银罗非鱼线粒体 DNA 的 RFLP 研究 [J]. 广东海洋大学学报，28(3): 16-20.

刘峰，麦康森，艾庆辉，等 . 2006. 鱼肉水解蛋白对大黄鱼稚鱼存活、生长以及体组成的影响 [J]. 水产学报，30(4): 502-508.

刘晃，徐皓，徐琰斐 . 2018. 深蓝渔业的内涵与特征 [J]. 渔业现代化，45(5): 1-7.

刘晃,徐琰斐,缪苗.2019.基于 SWOT 模型的我国深远海养殖业发展 [J].海洋开发与管理,36(4):47-51.

刘家富.1999.人工育苗条件下的大黄鱼胚胎发育及其仔、稚鱼形态特征与生态的研究 [J].现代渔业信息,14(7):20-24.

刘家富.2013.大黄鱼养殖与生物学 [M].厦门:厦门大学出版社.

刘连庆.2014.我国深水网箱养殖产业化发展战略研究 [D].舟山:浙江海洋学院.

刘锡胤,李龙,周晓群,等.2000.盐度对大银鱼受精卵孵化率的影响 [J].齐鲁渔业,17(4):34-35,49.

刘小玲.2007.鱼类应激反应的研究 [J].水生态学杂志,27(3):1-3.

刘洋,武祥伟,吴雄飞,等.2015.大黄鱼(Larimichthys crocea)浙江岱衢族养殖群体与福建闽—粤东族群体遗传多样性分析 [J].西南大学学报(自然科学版),37(8):6-12.

刘招坤.2015.闽东地区大黄鱼养殖中饲料的使用现状分析 [J].水产科技情报,42(1):41-44,49.

刘振威.2016.浅谈钢管桩沉桩施工技术的应用 [J].建筑工程技术与设计,(14):308.

刘振勇.1998.大黄鱼瓣体虫病的防治技术 [J].中国水产,(11):39-39.

刘振勇,林小金,谢友佺,等.2012.大黄鱼刺激隐核虫病继发细菌感染致死原因的研究 [J].福建水产,34(1):11-15.

刘振勇,谢友佺.2010.刺激隐核虫生活史的观察 [J].福建水产,1:46-48,22.

刘振勇,谢友佺,林小金,等.2012.感染刺激隐核虫的大黄鱼对低溶氧量的耐受力研究 [J].福建水产,34(6):471-475.

刘志轩,王印庚,张正,等.2018.几种消毒剂对凡纳滨对虾致病性弧菌的杀灭作用 [J].渔业科学进展,39(3):112-119.

柳海,申屠基康,徐胜威,等.2020.大黄鱼营养需求与配合饲料应用现状 [J].现代食品,(5):40-42.

柳学周,徐永江,马爱军,等.2004.温度、盐度、光照对半滑舌鳎胚胎发育的影响及孵化条件调控技术研究 [J].海洋水产研究,25(6):1-6.

龙华.2005.温度对鱼类生存的影响 [J].中山大学学报(自然科学版),(S1):254-257.

娄剑锋,雷世勇,竺俊全,等.2015.岱衢洋与官井洋大黄鱼养殖群体遗传多样性的 AFLP 分析 [J].海洋科学进展,33(3):361-6.

陆承平.1992.致病性嗜水气单胞菌及其所致鱼病综述 [J].水产学报,16(3):94-100.

陆游,周飘萍,袁野,等.2017.不同小麦淀粉和脂肪水平对大黄鱼的生长性能、饲料利用及糖代谢关键酶活力的影响 [J].水产学报,41(2):297-310.

罗朋朝.2002.大黄鱼的寄生虫病及其防治方法 [J].水产科技情报,30(4):176-177.

马红娜,王猛强,陆游,等.2017.碳水化合物种类和水平对大黄鱼生长性能、血清生化指标、肝脏糖代谢相关酶活性及肝糖原含量的影响 [J]. 动物营养学报, 29(3): 824-835.

马俊. 2015. 饲料中添加不同形式的蛋氨酸对大黄鱼幼鱼生长、饲料利用及蛋白质代谢反应的影响 [D]. 青岛：中国海洋大学.

马睿. 2014. 营养与养殖大黄鱼品质之间关系的初步研究 [D]. 青岛：中国海洋大学.

马云瑞, 郭佩芳. 2017. 我国深远水养殖环境适宜条件研究 [J]. 海洋环境与科学, 36(2): 250-254.

麦康森, 徐皓, 薛长湖, 等. 2016. 开拓我国深远海养殖新空间的战略研究 [J]. 中国工程科学, 18(3): 90-95.

孟玉琼, 马睿, 申屠基康, 等. 2016. 野生和配合饲料养殖大黄鱼品质的比较研究 [J]. 中国海洋大学学报 (自然科学版), 46(11): 108-116.

孟玉琼, 苗新, 孙瑞健, 等. 2017. 双低菜粕高水平替代饲料鱼粉对大黄鱼潜在风险的评估：生长、健康和营养价值 [J]. 水生生物学报, 41(1): 127-138.

苗亮, 李明云, 陈炯, 等. 2014. 快长、耐低温大黄鱼新品种"东海 1 号"的选育 [J]. 农业生物技术学报, 22(10): 1314-1320.

苗卫卫, 江敏. 2007. 我国水产养殖对环境的影响及其可持续发展 [J]. 农业环境科学学报, 26(3): 319-323.

苗新. 2014. 大黄鱼对豆粕和双低菜粕的耐受性研究 [D]. 青岛：中国海洋大学.

苗新, 曹娟娟, 徐玮, 等. 2014. 核苷酸对大黄鱼生长性能、肠道形态和抗氧化能力的影响 [J]. 水产学报, 38(8): 1140-1148.

缪伏荣, 李忠荣. 2006. 大围网仿生态养殖大黄鱼技术 [J]. 水产养殖, 27(3): 22-23.

倪勇, 伍汉霖, 等. 2006. 江苏鱼类志. 北京：中国农业出版社.

聂政伟, 王磊, 刘永利, 等. 2016. 铜合金网衣在海水养殖中的应用研究进展 [J]. 海洋渔业, 38(3): 329-336.

欧国原, 毛祥华, 欧清峰. 2015. 预制混凝土桩施工技术研究 [J]. 福建建材, 9: 66-68.

潘孝毅, 张琴, 李俊, 等. 2017. 饲料中添加甘氨酸可提高大黄鱼（*Larimichthys crocea*）的抗氧化和抗应激能力 [J]. 渔业科学进展, 38(2): 91-98.

彭士明, 施兆鸿, 侯俊利. 2009. 基于线粒体 D-loop 区与 COI 基因序列比较分析养殖与野生银鲳群体遗传多样性 [J]. 水产学报, 2010, 34(1):19-25.

彭志兰, 柳敏海, 罗海忠, 等. 2010. 条石鲷仔鱼饥饿试验及不可逆点的确定 [J]. 水产科学, 29(3):152-155.

朴红梅, 李万良, 穆楠, 等. 2007. ISSR 标记的研究与应用 [J]. 吉林农业科学, 32(5): 28-30.

强俊, 王辉, 李瑞伟. 2009. 盐度对奥尼罗非鱼受精卵孵化和仔鱼活力的影响 [J]. 水产科学, 28(6): 329-332.

强俊，王辉，李瑞伟，等. 2009. 盐度对奥尼罗非鱼仔、稚鱼生长、存活及其消化酶活力的影响 [J]. 南方水产，5(5): 8-14.

秦莉，殷建国，张薇，等. 2014. 白斑狗鱼（*Esox lucius*）致病性嗜水气单胞菌的分离与鉴定 [J]. 渔业科学进展，35(5): 40-45.

秦志华，李健，刘淇. 2006. 聚六亚甲基双胍对中国对虾受精卵和无节幼体的影响及其杀菌效果研究 [J]. 渔业科学进展，27(5): 39-43.

全汉锋，王兴春，施学文. 2013. 大黄鱼软颗粒饲料的制作与应用 [J]. 渔业现代化，40(3): 56-61.

荣晔婧，陈强，史雨红，等. 2014. 基于 DArT 标记的三疣梭子蟹地理种群遗传多样性分析 [J]. 生物学杂志，31(2): 18-21, 63.

申豪豪，牟华，李俊，等. 2018. 饲料中类胡萝卜素在大黄鱼皮肤中的沉积及其分离鉴定 [J]. 饲料工业，39(10): 28-33.

沈盎绿，陈亚瞿. 2007. 低盐度驯化对大黄鱼和黑鲷存活的影响 [J]. 水利渔业，27(6): 47-48.

沈锦玉，余旭平，潘晓艺，等. 2008. 网箱养殖大黄鱼假单胞菌病病原的分离与鉴定 [J]. 海洋水产研究，29(1): 1-6.

施慧，张静，谢建军，等. 2010. 环介导恒温扩增技术检测血卵涡鞭虫 [J]. 中国水产科学，17(5): 1028-1035.

施兆鸿，陈波，彭士明，等. 2008. 盐度胁迫下点带石斑鱼（*Epinephelus malabaricus*）胚胎及卵黄囊仔鱼的形态变化 [J]. 海洋与湖沼，39(3): 222-227.

施兆鸿，彭士明，尹彦强，等. 2009. 不同盐度下条石鲷胚胎及卵黄囊仔鱼的形态变化 [J]. 生态学杂志，28(3): 471-476.

石建高. 2013. 一种大型网围立柱桩和网衣的连接方法：中国，ZL 201310347866.5 [P].

石建高，陈雪忠，姜泽明，等. 2013. 一种大型复合网围：中国，ZL201310338034.7[P].

水柏年. 2004. 大黄鱼幼鱼对若干环境因子的适应性试验 [J]. 水产科技情报，(3): 102-107.

宋敬德. 2000. 我国抗风浪网箱现状及发展对策 [J]. 海洋水产研究，21(1): 78-82.

宋林，韩志强，高天翔. 2007. 鲹亚科两种鱼类的线粒体 16S rRNA 基因片段序列的比较研究 [J]. 海洋湖沼通报. (1): 125-129.

宋宗岩，王世党，姜启平，等. 2007. 浅海池塘施放药物量的计算方法 [J]. 科学养鱼，8: 54-55.

苏永全. 2004. 大黄鱼养殖 [M]. 北京：海洋出版社.

苏跃中，游岚. 1995. 大黄鱼稚幼鱼窒息点与耗氧率的初步研究. 福建水产，(4):21-24, 39.

孙广文，王卓铎，刘敏，等. 2019. 大豆浓缩蛋白和玉米蛋白粉替代鱼粉对大黄鱼生长性能和体组成的影响 [J]. 广东饲料，28(11): 26-29.

孙鹏,尹飞,彭士明,等.2010.盐度对条石鲷幼鱼肝脏抗氧化酶活力的影响[J].海洋渔业,32(2):154-159.

孙瑞健,徐玮,米海峰,等.2015.饲料脂肪水平和投喂频率对大黄鱼生长、体组成及脂肪沉积的影响[J].水产学报,39(3):401-409.

汤瑜瑛,张志良.2003.大黄鱼低盐度养殖技术[J].科学养鱼,(8):25.

唐宏刚.2008.鱼蛋白水解物对大黄鱼生长代谢、肌肉品质、免疫及抗氧化性能的影响[D].杭州:浙江大学.

唐黎标.2016.水环境对鱼类养殖的影响[J].渔业致富指南,(20):35-36.

唐启升.2017.环境友好型水产养殖发展战略:新思路、新任务、新途径[M].北京:科学出版社.

唐启升,丁晓明,刘世禄.2014.我国水产养殖业绿色、可持续发展保障措施与政策建议[J].中国渔业经济,32(2):5-11.

田相利,王国栋,董双,等.2010.不同盐度驯化方式对小鲟鳇(*Huso huso*)(♀)×(*Acipenser ruthenus*)(♂)生长及渗透生理的影响[J].中国海洋大学学报(自然科学版),40(7):29-35.

田照辉,徐绍刚,王巍,等.2013.急性热应激对西伯利亚鲟HSP70 mRNA表达、血清皮质醇和非特异性免疫的影响[J].水生生物学报,37(2):344-350.

童燕,陈立侨,庄平,等.2007.急性盐度胁迫对施氏鲟的皮质醇、代谢反应及渗透调节的影响[J].水产学报,31(B09):38-44.

涂振波,王曙,李明云,等.2012.添加Vc、甜菜碱饲料养殖大黄鱼的效果试验[J].科学养鱼,(9):72-73.

汪开毓,耿毅.2000.鱼类应激综合征[J].科学养鱼,(12):33.

王昌各,王月香.2002.大黄鱼刺激隐核虫病的防治[J].中国水产,(7):48-49.

王朝新.2012.大黄鱼深水抗风浪网箱养殖技术[J].科学养鱼,(2):46.

王丹丽,徐善良,严小军,等.2006.大黄鱼仔、稚、幼鱼发育阶段的脂肪酸组成及其变化[J].水产学报,30(2):241-245.

王东石,高锦宇.2015.我国海水养殖业的发展与现状[J].中国水产,4:39-42.

王国良,刘璐,李思源.2012.鲕鱼诺卡氏菌SYBR Green I实时荧光定量PCR检测方法的建立与应用[J].水产学报,36(4):509-513.

王国良,毛勇,鄢庆枇,等.2013.大黄鱼主要病害临床诊断和防治[M].厦门:厦门大学出版社,2013:71-72.

王国良,周旻曦,徐益军.2013.刺激隐核虫LAMP检测方法的建立[J].中国预防兽医学报,35(7):574-577.

王涵生,方琼珊,郑乐云.2002.盐度对赤点石斑鱼受精卵发育的影响及仔鱼活力的判断

[J]. 水产学报，26(4): 344-350.

王宏田，徐永立，张培军 . 2000. 牙鲆胚胎及其初孵仔鱼的盐度耐受力 [J]. 中国水产科学，7(3): 21-23.

王宏田，张培军 . 1998. 环境因子对海产鱼类受精卵及早期仔鱼发育的影响 [J]. 海洋科学，22(4): 50-52.

王进波，吴天星 . 2007. 姜黄素在大黄鱼饲料中的应用效果研究 [J]. 水利渔业，6: 105-106.

王军，陈明茹，谢仰杰 . 2008. 鱼类学 [M]. 厦门：厦门大学出版社 .

王磊，王鲁民，黄艇，等 . 2017. 桩桩式铜合金围栏养殖设施的发展现状与分析 [J]. 渔业信息与战略，32(30): 197-203.

王美垚 . 2009. 急性低温胁迫及恢复对吉富罗非鱼血清生化、免疫以及应激蛋白 HSP70 基因表达的影 [D]. 南京：南京农业大学 .

王文博，李爱华 . 2001. 环境胁迫对鱼类免疫系统影响的研究概况 [J]. 鱼类病害研究，23(3): 82-84.

王晓清，王志勇，何湘蓉 . 2009. 大黄鱼（*Larimichthys crocea*）耐环境因子试验及其遗传力的估计 [J]. 海洋与湖沼，40(6): 781-785.

王新鸣，卢昌彩 . 2017. 加快发展我国铜网围栏设施养殖的思考 . 中国渔业经济，35(6): 13-17.

王兴春 . 2014. 软颗粒饲料与鲜杂鱼糜对大黄鱼养殖水质的影响 [J]. 水产科学，33(10): 635-638.

王友绍 . 2011. 海洋生态系统多样性研究 [J]. 中国科学院院刊，26(2): 184-188.

王好，庄平，章龙珍，等 . 2011. 盐度对点篮子鱼的存活、生长及抗氧化防御系统的影响 [J]. 水产学报，35(1): 66-72.

王志勇 . 2014. 2014 年全国渔业主导品种——大黄鱼"闽优 1 号" [J]. 中国水产，(10): 43-44.

韦海明 . 2014. 黄芪和维生素 C 对大黄鱼抗应激的影响 [D]. 青岛：中国海洋大学 .

翁思聪，朱军莉，励建荣 . 2011. 水产品中 4 种常见致病菌多重 PCR 检测方法的建立及评价 [J]. 水产学报，35(2): 306-314.

吴鹤洲 . 1965. 浙江近海大黄鱼性成熟与生长的关系 [J]. 海洋与湖沼，7(3): 220-234.

吴后波，潘金培 . 2003. 病原弧菌的致病机理 [J]. 水生生物学报，27(4): 422-426.

吴文俊，周飘苹，黎明，等 . 2014. 饲料中添加不同核苷酸对大黄鱼生长、血液指标及血清酶活性的影响 [J]. 宁波大学学报（理工版），27(2): 7-12.

吴雄飞，沈伟良，竺俊全，等 . 2021. 大黄鱼"甬岱 1 号" [J]. 中国水产，(3): 96-102.

吴钊 . 2016. 不同工艺的豆粕部分替代鱼粉在大黄鱼饲料中的研究 [D]. 上海：上海海洋大学 .

吴钊，陈乃松，华雪铭，等 . 2016. 4 种豆粕替代鱼粉对大黄鱼生长、抗氧化及抗菌能力的

影响 [J]. 海洋渔业 , 38(5): 495−506.

武祥伟 , 刘贤德 , 王志勇 . 2011. SSR 分析技术的建立及在大黄鱼（ *Larimichthys crocea* ）亲子鉴定中的应用 , 海洋通报 , 30(4): 419−424.

席峰 , 王秋荣 , 林利民 . 2016. 饲料中 n-3 HUFA、降药残添加剂和虾青素添加水平对大黄鱼亲鱼抗氧化酶活性的影响 [J]. 饲料与畜牧 , 11: 38−41.

肖武汉 , 张亚平 . 2000. 鱼类线粒体 DNA 的遗传与进化 [J]. 水生生物学报 . 24(4): 384−391.

肖媛 . 2019. 茶氨酸对大黄鱼生长免疫功能和鱼肉品质的影响 [D]. 福州 : 福建农林大学 .

谢刚 , 陈焜慈 , 胡隐昌 , 等 . 2003. 倒刺鲃胚胎发育与水温和盐度的关系 [J]. 大连水产学院学报 , 18(2) : 95−98.

邢淑娟 . 2015. 饲料糖水平对大黄鱼生长和代谢的影响 [D]. 青岛：中国海洋大学 .

邢淑娟 , 孙瑞健 , 马俊 , 等 . 2017. 饲料糖水平对大黄鱼生长和糖代谢的影响 [J]. 水生生物学报 , 41(2): 265−276.

徐钢春 , 聂志娟 , 薄其康 , 等 . 2012. 水温对刀鲚幼鱼耗氧率、窒息点、血糖及肌肝糖元指标的影响 [J]. 生态学杂志 , 31(12): 3116−3120.

徐皓 . 2016. 水产养殖设施与深水养殖平台工程发展战略 [J]. 中国工程科学 , 18(3): 37−42.

徐皓 , 谌志新 , 蔡计强 , 等 . 2016. 我国深远海养殖工程装备发展研究 [J]. 渔业现代化 , 43(3): 1−6.

徐皓 , 倪琦 , 刘晃 . 2007. 我国水产养殖设施模式发展研究 [J]. 渔业现代化 , 34(6): 1−6, 10.

徐后国 . 2010. 几种新型免疫增强剂对大黄鱼幼鱼生长、存活、免疫力及抗病力的影响 [D]. 青岛：中国海洋大学 .

徐后国 , 艾庆辉 , 麦康森 , 等 . 2011. 饲料中添加枯草芽孢杆菌和壳寡糖对大黄鱼幼鱼血清免疫指标的影响 [J]. 中国海洋大学学报 (自然科学版), 41(Z2): 42−47.

徐君卓 . 2007. 海水网箱及网围养殖 [M]. 北京：中国农业出版社 .

徐开达 , 刘子藩 . 2007. 东海区大黄鱼渔业资源及资源衰退原因分析 . 大连水产学院学报 , 22(5): 392−396.

徐力文 , 刘广锋 , 王瑞旋 , 等 . 2007. 急性盐度胁迫对军曹鱼稚鱼渗透压调节的影响 [J]. 应用生态学报 , 18(7): 1596−1600.

徐晓津 , 王军 , 谢仰杰 , 等 . 2010. 大黄鱼消化系统胚后发育的组织学研究 [J]. 大连水产学院学报 , 25(2): 107−112.

徐永江 , 柳学周 , 王妍妍 , 等 . 2009. 温度、盐度对条石鲷胚胎发育影响及初孵仔鱼饥饿耐受力 [J]. 渔业科学进展 , 30(3): 25−31.

徐兆礼 , 陈佳杰 . 2011. 东黄海大黄鱼洄游路线的研究 [J]. 水产学报 , 35(3): 429−437.

徐镇 , 江锦坡 , 陈寅儿 . 2006. 不同品系大黄鱼致死低温的研究 [J]. 宁波大学学报 (理工版), 19(4): 462−464.

许晓娟,李加儿,区又君.2009.盐度对卵形鲳鲹胚胎发育和早期仔鱼的影响[J].南方水产,5(6): 31-35.

许益铵,柳敏海,油九菊,等.2014.舟山附近海域 3 个大黄鱼养殖群体遗传多样性的微卫星分析.浙江海洋学院学报(自然科学版),33(2): 140-146.

许友卿,曹占旺,丁兆坤,等.2010.高温对鱼类的影响及其预防研究[J].水产科学,29(4): 235-242.

许源剑,孙敏.2010.环境胁迫对鱼类血液影响的研究进展[J].水产科技,(3): 27-31.

鄢庆枇,方恩华,苏永全,等.2004.大黄鱼溶藻弧菌 LPS 的间接 ELISA 检测[J].台湾海峡,23(1): 56 - 61.

严晶.2015.饲料脂肪水平和脂肪酸种类对大黄鱼脂肪沉积的影响[D].青岛:中国海洋大学.

杨从戎.2014.大黄鱼"东海 1 号"选育群体 F6 代遗传多样性的同工酶、RAPD、SSR 分析[D].宁波:宁波大学.

杨宁,黄海,张希,等.2014.尼罗罗非鱼嗜水气单胞菌病的病原分离鉴定和药敏试验[J].水产科学,33(5): 306-310.

杨文川,李立伟,石磊,等.2002.新本尼登虫(单殖目:多室科)的发育[J].动物学报,48(1): 75-79.

叶金清.2012.官井洋大黄鱼的资源和生物学特征[D].上海:上海海洋大学.

叶婷,张海,张天义,等.2020.深海养殖存在的问题及对策研究[J].农业技术与装备,(11): 134-135.

叶卫富,吴佳兴,马家志,等.2011.浅海浮绳式围网设施应用研究[J].渔业现代化,38(5): 7-11.

易新文.2015.营养调控养殖大黄鱼(*Larimichthys croceus*)体色的初步研究.青岛:中国海洋大学.

易祖盛,陈湘粦.1999.盐度对尖鳍鲤(*Cyprinus acutidorsalis*)早期发育的影响[J].广州师院学报(自然科学版),20(5): 61-64.

于飞,陆波,潘元潮,等.2016.海州湾陆海接力养殖的关键技术[J].养殖与饲料,11: 12-14.

余德光,杨宇晴,王海英,等.2011.盐度变化对斜带石斑鱼生理生化因子的影响[J].水产学报,35(5): 719-727.

俞军.2016.姜黄素对大黄鱼生长及非特异性免疫功能的影响[D].上海:上海海洋大学.

俞逊.2010.大黄鱼"闽优 1 号"通过省级水产原良种评审[J].现代渔业信息,25(11): 28.

袁野,王猛强,马红娜,等.2018.饲料中三种不同碳水化合物对大黄鱼生长性能和肝脏糖代谢关键酶活性的影响[J].水产学报,42(2): 267-281.

张彩明, 陈应华. 2012. 海水健康养殖研究进展 [J]. 中国渔业质量与标准, 2(3): 16-20.

张春晓, 麦康森, 艾庆辉, 等. 2008. 饲料中添加肽聚糖对大黄鱼生长和非特异性免疫力的影响 [J]. 水产学报, 32(3): 411-416.

张春晓, 麦康森, 艾庆辉, 等. 2008. 饲料中添加外源酶对大黄鱼和鲈氮磷排泄的影响 [J]. 水生生物学报, 32(2): 231-236.

张丹枫, 安树伟, 周素明, 等. 2017. 大黄鱼 (*Pseudosciaena crocea*) 内脏白点病的组织病理和超微病理分析 [J]. 渔业科学进展, 38(4): 11-16.

张慧, 谷伟, 白庆利, 等. 2010. 双氧水预防白点鲑卵水霉病发生的效果研究 [J]. 水产学杂志, 23(3): 3-6.

张家新, 宋伟华, 王甲刚. 2012. 浅海养殖围网敷设海域水文条件研究 [J]. 水产科技情报, (6): 279-283.

张坤. 2016. 大黄鱼主要病原菌的分离鉴定与抗菌复方开发 [D]. 厦门: 集美大学.

张璐, 麦康森, 艾庆辉, 等. 2006. 饲料中添加植酸酶和非淀粉多糖酶对大黄鱼生长和消化酶活性的影响 [J]. 中国海洋大学学报 (自然科学版), 36(6): 923-928.

张起信, 张启胜, 刘光穆, 等. 2007. 浅谈深海抗风浪网箱养鱼业 [J]. 海洋科学, 31(3): 82-83.

张伟, 王有基, 李伟明, 等. 2014. 运输密度和盐度对大黄鱼幼鱼皮质醇、糖元及乳酸含量的影响 [J]. 水产学报, 38(7): 973-980.

张玮, 于锋, 朱汉泉. 2007. 聚六亚甲基胍杀灭致病弧菌效果及其对海产养殖动物毒性 [J]. 中国消毒学杂志, 24(6): 499-502.

张鑫磊, 陈四清, 刘寿堂, 等. 2006. 温度、盐度对半滑舌鳎胚胎发育的影响 [J]. 海洋科学进展, 24(3): 342-348.

张学舒, 王英. 2007. 大黄鱼鱼苗耗氧率和窒息点的研究 [J]. 经济动物学报, 11(3): 148-152, 158.

张振宇. 2016. 禁食及饲料 n-3 HUFA 水平对大黄鱼体成分、脂肪酸组成和生化指标的影响 [D]. 厦门: 集美大学.

张志新, 李连森, 姜泽明, 等. 2015. 铜合金网衣抗污损及应用铜合金网箱养殖黑鲪的研究 [J]. 齐鲁渔业, (12): 7-10.

张祖兴, 李明云. 2006. 大黄鱼种质资源研究进展 [J]. 水产科学, (7): 376-378.

赵广泰. 2010. 大黄鱼 "闽优 1 号" 选育群体遗传结构分析及生长相关性状的遗传参数估计 [D]. 厦门: 集美大学.

赵广泰, 刘贤德, 王志勇, 等. 2010. 大黄鱼连续 4 代选育群体遗传多样性与遗传结构的微卫星分析 [J]. 水产学报, 34(4): 500-508.

赵明, 陈超, 柳学周, 等. 2011. 盐度对七带石斑鱼胚胎发育和卵黄囊仔鱼生长的影响 [J].

渔业科学进展, 32(2): 16–21.

赵云霄, 赖颖. 2013. 钢管混凝土的应用 [J]. 商情, 4: 267–267.

赵占宇. 2008. 共轭亚油酸（CLA）对大黄鱼脂肪代谢、免疫、肉品质及 PPAR 基因表达的影响 [D]. 杭州：浙江大学.

郑天伦, 王国良, 金珊, 等. 2005. 网箱养殖大黄鱼弧菌病的中草药防治 [J]. 水产科学, 24(2): 24–25.

郑岳夫, 李家乐, 郑凯宠, 等. 2002. 抗风浪围网式软网箱与传统网箱养殖效果比较 [J]. 水产学报, 26(增刊): 8–13.

郑岳夫, 周科. 2001. 大黄鱼的网箱养殖和越冬技术 [J]. 上海水产大学学报, 10(2): 97–101.

中国水产科学研究院. 2016. 深蓝渔业科技创新联盟成立 [N]. 中国渔报, 7: 25(A01).

周孔霖, 杜萍, 寿鹿, 等. 2018. 温度骤降对大黄鱼（Larimichthys crocea）鱼卵与仔鱼的影响 [J]. 海洋学研究, 36(4): 68–75.

周世明. 2020. 鱼类病虫防治药品认识及使用方法 [J]. 水产养殖, 41(9): 69–70.

周曦. 2012. 大黄鱼刺激隐核虫病病原生物学特性的研究 [D]. 宁波：宁波大学.

周勇, 曾令兵, 孟彦, 等. 2012. 大鲵虹彩病毒 TaqMan 实时荧光定量 PCR 检测方法的建立 [J]. 水产学报, 36(5): 772–778.

朱冬发, 成永旭, 王春琳, 等. 2005. 环境因子对大黄鱼精子活力的影响 [J]. 水产科学, (12): 4–6.

朱庆国. 2018. 大黄鱼仔鱼微囊饲料粒度及水中稳定性评估 [J]. 福建农业学报, 33(2): 114–119.

祝璟琳, 王国良, 金珊. 2009. 养殖大黄鱼病原弧菌多重 PCR 检测技术的建立和应用 [J]. 中国水产科学, 16(2): 157–164.

庄平, 章龙珍, 田宏杰, 等. 2008. 盐度对施氏鲟幼鱼消化酶活力的影响 [J]. 中国水产科学, 15(2): 198–203.

庄平, 王幼槐, 李圣法, 等. 2006. 长江口鱼类 [M]. 上海：上海科学技术出版社.

邹峰, 苏永全, 覃映雪, 等. 2013. 海水鱼类寄生虫刺激隐核虫（Cryptocaryon irritans）趋化性研究 [J]. 海洋与湖沼, 44(4): 1003–1007.

左然涛. 2013. 饲料脂肪酸调控大黄鱼免疫力和脂肪酸代谢的初步研究 [D]. 青岛：中国海洋大学.

DB3303/T019-2020. 2020. 大黄鱼生态养殖技术规范 [S]. 温州：温州市市场监督管理局.

Justice I C. 2016. 微胶囊饲料对大黄鱼仔鱼生长、消化和非特异性免疫酶活性的影响 [D]. 福州：福建农林大学.

Andrew D, Igor T, Judson D, et al., 2015. Engineering procedures for design and analysis of submersible fish cages with copper netting for exposed marine environment [J]. *Aquacultural Engineering*, 70: 1–14.

Andrew D, Igor T, Judson D, et al., 2013. Field studies of corrosion behaviour of copper alloys in natural seawater[J]. *Corrosion Science*, 76(10) : 453−464.

Anni I, Bianchini A, Barcarolli I F, et al., 2016. Salinity influence on growth, osmoregulation and energy turnover in juvenile pompano *Trachinotus marginatus* Cuvier 1832[J]. *Aquaculture*, 455: 63−72.

Baldwin J, Hochachka P W, 1970. Functional significance of isoenzymes in thermal acclimatization. Acetylcholinesterase from trout brain [J]. *Biochemical Journal*, 116 (5): 883−887.

Beitinger T , Bennett W A, McCauley R W, 2000. Temperature tolerances of North American freshwater fishes exposed to dynamic changes in temperature [J]. *Environmental biology of fishes*, 58(3): 237−275.

Boeuf G, Payan P, 2001. How should salinity influence fish growth? [J].*Comparative Biochemistry and Physiology* Part C: Toxicology & Pharmacology, 130(4) : 411−423.

Carruthers M M, Kabat W J, 1981. *Vibrio vulnificus* (lactose-positive vibrio) and *Vibrio parahaemolyticus* differ in their susceptibilities to human serum[J]. Infection and immunity, 32(2): 964−966.

Chen X H, Lin K B, Wang X W, 2003. Outbreaks of an iridovirus disease in maricultured large yellow croaker, *Larimichthys crocea* (Richardson), in China[J]. *Journal of fish diseases,* 26(10): 615−619.

Di Pinto A, Ciccarese G, Fontanarosa M, et al., 2006. Detection of *Vibrio alginolyticus* and *Vibrio parahaemolyticus* in shellfish samples using collagenase-targeted multiplex-PCR[J]. *Journal of Food Safety*, 26(2): 150−159.

Dominguez M, Takemura A, Tsuchiya M, et al., 2004. Impact of different environmental factors on the circulating immunoglobulin levels in the Nile tilapia, *Oreochromis niloticus* [J]. *Aquaculture*, 241(1): 491−500.

Fanouraki E, Mylonas C C, Papandroulakis N, et al., 2011. Species specificity in the magnitude and duration of the acute stress response in Mediterranean marine fish in culture[J]. General & Comparative Endocrinology, 173(2): 313−322.

Fry F E H, 1957. The aquactic respiration of fish[M] Physiology of Fishes. New York: Academic Press.

Hebert P D N, Cywinska A, Ball S L, et al., 2003. Biological identifications through DNA barcodes[J]. Proceedings of the Royal Society of London. Series B: Biological Sciences, 270(1512): 313−321.

Jeney Z, Jeney G, Maule A G, 1992. Cortisol measurements in fish [J]. Techniques in Fish

Immunol, SOS Publications, NJ USA, 2: 157−166.

Ji R, Xiang X, Li X et al., 2020. Effects of dietary curcumin on growth, antioxidant capacity, fatty acid composition and expression of lipid metabolism-related genes of large yellow croaker fed high-fat diet[J]. The British journal of nutrition, doi: 10.1017/S0007114520004171.

Kalantzia I, Zerib C, Catsikib V A, et al., 2016. Assessment of the use of copper alloy aquaculture nets: Potential impacts on the marine environment and on the farmed fish[J]. Aquaculture, 465: 209−222.

Lacy R C, 1987. Loss of genetic diversity from managed populations: interacting effects of drift, mutation, immigration, selection, and population subdivision[J]. Conservation biology, 1(2): 143−158.

Maria L C, Jemimah D, Magdalena S, et al., 2014. The study of marine corrosion of copper alloys in chlorinated condenser cooling circuits: The role of microbiological components[J]. Bioelectrochemistry, 97(1): 2−6.

Meng F, Li M, Tao Z, et al., 2016. Effect of high dietary copper on growth, antioxidant and lipid metabolism enzymes of juvenile larger yellow croaker *Larimichthys croceus*[J]. Aquaculture Reports, 3: 131−135.

Mommsen T P, Vijayan M M, Moon T W, 1999. Cortisol in teleosts: dynamics, mechanisms of action, and metabolic regulation[J]. Reviews in Fish Biology and Fisheries, 9 (3) : 211−268.

Mu Y, Ding F, Cui P, et al., 2010. Transcriptome and expression profiling analysis revealed changes of multiple signaling pathways involved in immunity in the large yellow croaker during *Aeromonas hydrophila* infection[J]. BMC genomics, 11(1), 1−14.

Notomi T, Okayama H, Masubuchi H, et al., 2000. Loop mediated isothermal amplification of DNA[J]. Nucleic Acids Res, 28(12): E63.

Ohno R, Kimura K, Ota K, et al., 1987. Phase I clinical and pharmacokinetic study of orally administeredN 4-palmitoyl-1-β-d-arabinofuranosylcytosine[J]. Medical oncology and tumor pharmacotherapy, 4(2): 67−73.

Olsen Y A, Einarsdottir I E, Nilssen K J, 1995. Metomidate anaesthesia in Atlantic salmon, *Salmo salar*, prevents plasma cortisol increase during stress [J]. Aquaculture, 134(1): 155−168.

Pérez-Casanova J C, R ise M L, Dixon B, et al., 2008. The immune and stress responses of Atlantic cod to long-term increases in water temperature [J]. Fish & shellfish immunology, 24 (5): 600−609.

Pottsw T W, Eddy F B, 1973. The permeability to water of the eggs of certain marine teleports[J]. Journal of Comparative Physiology, 82(3): 305−315.

Saitanu, K, 1982. Red-sore disease in carp (*Cyprinus carpio*) [J]. J. Aquat. Anim. Dis., 5, 79–86.

Steane D A, Nicolle D, Sansaloni C P, et al., 2011. Population genetic analysis and phylogeny reconstruction in *Eucalyptus* (Myrtaceae) using high-throughput, genome-wide genotyping[J]. Molecular phylogenetics and evolution, 59(1): 206–224.

Suarez G., Khajanchi B K, Sierra J C, et al., 2012. Actin cross-linking domain of *Aeromonas hydrophila* repeat in toxin A (RtxA) induces host cell rounding and apoptosis[J]. Gene, 506(2): 369–376.

Tang H-G, Wu T-X, Zhao Z-Y, et al., 2008. Effects of fish protein hydrolysate on growth performance and humoral immune response in large yellow croaker (*Pseudosciaena crocea* R.) [J]. Journal of Zhejiang University-Science B, 9(9): 684–690.

Tytler P, Blaxer J H S, 1988. The Effects of external salinity on the drinking rates of larvae of herring, plaice and cod[J].Journal of Experimental Biology, 138: 1–15.

Wang J, Zhong G Y, Chin E C L, et al., 2002. Identification of parents of F1hybrids through SSR profiling of maternal and hybrid tissue[J]. Euphytica. 124(1): 29–34.

Yuan L, Ming L, Zhang Y, et al., 2016. The protective effects of dietary zinc on dietary copper toxicity in large yellow croaker *Larimichthys croceus* [J]. Aquaculture, 462: 30–34.

Zheng L, Mao Y, Wang J, et al., 2018. Excavating differentiallyexpressed antimicrobial peptides from transcriptome of Larimichthys crocea liver in response to *Cryptocaryon irritans*[J]. Fish & Shellfish Immunology, 75: 109–114.